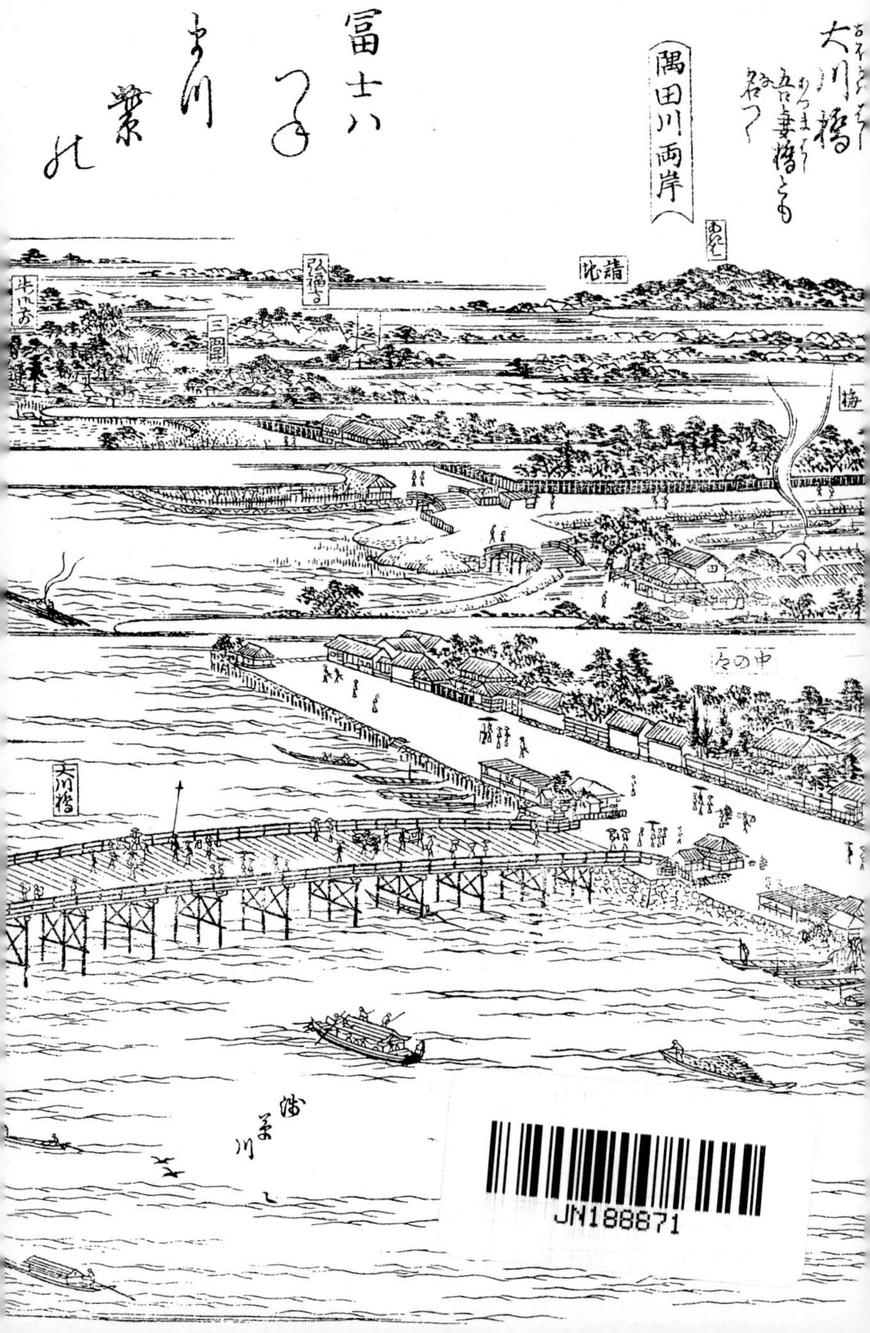

隅田川両岸

大川橋 吾妻橋とも名づく

冨士ハつくは
すみ川の景あれ

三囲

弘福寺

請地

梅

中の郷

大川橋

東京・石と造園100話

もうひとつのガイドブック

小林　章　著

名主の滝公園・男滝（2017）

本書執筆の日々を妻・由枝に感謝する。

はじめに

東京は江戸以来の造園作品の蓄積が多く、石と造園の深いかかわりを知るには格好の都市である。大名庭園・社寺境内・都市公園など、江戸時代から現代までの東京の造園作品に各種の石、花崗岩・安山岩・玄武岩・凝灰岩・粘板岩・緑色片岩などが、どのように選ばれ使われてきたか、その背景と共に、見どころのガイドブックになるよう100話にまとめた。東京都23区内を中心に話題を選んだが、東京で使われた各種の石の産地についても紹介した。どの話から読んでいただいてもよい。一つの庭園・公園にも歴史があり、改修・改造があるので、石を用いた施設に時代の異なるものが併存している例は少なくない。

石は植物と共に重要な造園材料である。造園は、海・山・川にある表面の風化した転石の野面石（のづらいし）と共に、割る・削る・磨くなど加工した切石（きりいし）を活かして使う。石は造園の意匠材であり、構造材である。

野面石を自然石と表記する書物もあるが、擬石・人造石に対して切石もまた自然石であり、本書は表面の風化した転石は野面石と表記する。

江戸城をはじめ、江戸の町の建設に使われた石は伊豆方面の、海に近い石切場から船で運ばれてきた安山岩や凝灰岩の切石であった。下町のデルタ地帯はもとより、関東ローム層の山の手の台地も、石は採れない。

江戸から東京へ、大名や近代の富豪の庭園は伊豆方面を中心に日本各地から取り寄せた野面石を庭石にした。伊豆方面の野面石というのは海岸の石が主であった。神社境内には庶民によって富士山の野面石を使い富士塚が設けられた。東京の近代・現代の公園、庭園の石の使い方は、江戸の伝統を受け継ぐ一方、西洋の造園技術や建設技術の影響を受けている。通読していただければ、石の使い方は、江戸と東京で断絶したわけではなく、連続していることが理解されるであろう。なお、明治から太平洋戦争までの制度で、社寺境内が公園だった例は多数あり、社寺境内には庶民と石と造園の関わりや、近代日本の公園の性格も垣間見ることができる。

小金井市にある都立小金井公園内「江戸・東京たてもの園」からも二つの話題を選んだが、元は23区内にあったたてものと庭である。

造園を学ぶ学生や技術者、石と造園に関心を持つ読者に、本書を活用していただけたら嬉しいことである。本書の写真は全て著者が撮影した。

東京農業大学出版会の袖山松夫氏には編集上万般のお世話になった。

目　次

凡例・註

○本文について

・石材名と岩石名を併記するときは、青石（緑色片岩）のように示した。

・石の産地を図入りで解説するとき、産地名はゴチックで示した。

・一つの話題の中で複数の造園施設を解説するとき、見出しの施設名はゴチックで示した。

・書籍や入園パンフレットに定着している造園施設名は「　」内に示した。

・『　』内は参考にした書籍あるいは碑文からの引用を示す。ただし79話の飛鳥山碑は「江戸名所図会」に転記された碑文（漢文）の大意を示した。

・短歌・俳句を引用するときは〈　〉内に示した。

・神社の祭神の尊称である尊・命は省略した。

・(⇒数字) は関連する話題の番号を示す。

○図について

・キャプションの（数字）は写真の撮影年を示す。

・石が濡れた状態の写真もあるが、石の表面色は濡れると、色彩学的には暗くなり、鮮やかになるわけではない。

表　　紙：浜離宮恩賜庭園 「小の字島」から「松のお茶屋」を望む
　　　　　画面下に青石（2018）

裏 表 紙：隅田公園（東岸）の常夜灯（2017）

表見返し：「江戸名所図会」の『大川橋』（隅田川両岸）
　　　　　図の上が隅田川上流　図の左側が現在の台東区、右側が墨田区

裏見返し：「帝都復興事業大観」の隅田公園平面図より
　　　　　図の左端、吾妻橋付近をカットして掲載
　　　　　図の右が隅田川の上流、図の上が現在の台東区、下が墨田区

1 浜離宮恩賜庭園
黒ぼく石と玉石の汀線
中央区浜離宮庭園

浜離宮恩賜庭園の潮入りの池は広く、汀線は長い。「横堀」の長くゆるやかな汀線を描く護岸に玉石は格好の石材である。玉石は安山岩が多い。

玉石は外洋に面した海岸の石である。静かな潮入りの池の水面が外洋の荒波に磨かれた石で縁取られているのである。

黒ぼく石（玄武岩）の使い方も秀逸である。凹凸のある黒くざらざらした石であるから、おのずから石組に荒々しさがある。池中に突き出す岬の形に黒ぼく石を使って不自然でないのは、溶岩が海中に流出した形のミニチュアだからである。海石の庭と言ってよい。黒ぼく石も玉石も緩傾斜に積み重ねて使っている。東京のあちこちの庭や公園の池畔に黒ぼく石と玉石が使われているが、最も規模が大きく美しいのは浜離宮である。30年前、この庭の黒ぼく石護岸は目地モルタルが目についたが、きれいに修復されたと思う。玉石に青石（緑色片岩）や花崗岩も混じるが、後補ではないか。

この庭では汀線から離して大石を池中に配することがほとんど無い。理由の一つは、広い池に船を浮かべるのを円滑にするためであろう。また、築山の上に大石を立てて組むようなことも少ない。石は池畔の護岸として組まれるか、陸上にあってもうずくまるように配されている。隣接する旧芝離宮恩賜庭園の池（⇒15）の石組とはこれらの点で異なり、著しくシンプルである。庭の中心部に石灯籠も無い。

浜離宮の潮入りの池周辺は、入り組んだ汀線とそこに点在する茶屋と橋、ゆるやかな起伏と海の眺望、広々とした庭園景が見どころである。

17世紀後半、甲府宰相・松平綱重の甲府浜屋敷に始まり、その子綱豊が６代将軍徳川家宣になるに及んで将軍家の浜御殿となり、11代将軍家斉（18世紀末～19世紀初）のときにほぼ現在の姿の庭園に。1870（明治３）年に皇室の浜離宮になったが、関東大震災で被災、太平洋戦争末期の東京大空襲でも被災した。浜離宮は1945（昭和20）年の敗戦直後に東京都に下賜され、公園として開園したのは翌1946（昭和21）年である。

甲府侯綱豊の視点から赤穂浪士を描いた歌舞伎「元禄忠臣蔵・御浜御殿綱豊卿」（1940（昭和15）年、真山青果・脚本）は、庭に関するセリフは無いもののト書きには浜離宮の茶屋・中島・築山の名と配置が見える。

神奈川県小田原市の根府川海岸に黒ぼく（玄武岩）と安山岩の玉石が見られ、赤い玉石（玄武岩）も混じる（⇒３）。「新編相模國風土記稿」（1836（天保７）年）の根府川村の『土産』に『磯朴石　海岸に生ず、俗黒朴と唱へ、仮山の石に用ゐる、當村采石の初は、慶長九年（註：1604）の比より始り、公の御用及諸家の用途を奉り此地の海濱より直に江戸に運送す』とある。慶長九年といえば江戸幕府が開かれた翌年である。

図１　浜離宮・横堀　池畔の黒ぼく石（画面右）と玉石（2018）

図１－２　小田原市　根府川海岸の玉石　海に突き出た黒い岩塊は玄武岩
画面左下に赤い玉石　一部コンクリート塊も混入（2018）

浜離宮恩賜庭園 玄武岩の護岸の間に凝灰岩 中央区浜離宮庭園

この庭の池には黒ぼく石（玄武岩）の護岸が多いが、「お伝い橋」の上で「中島」側から眺めると、「小の字島」の護岸には黒ぼく石の間に凝灰岩が組み込まれている。

玄武岩の転石は小田原市の根府川海岸（⇒1）方面に産し、凝灰岩の転石は伊豆半島の南、**静岡県下田市**などの海岸に産する。同じ海岸から採れにくいのに、意図的に石を組み合わせたのである。凝灰岩の野面石も表面はざらざらだが色彩は玄武岩より明るい。色彩の明暗対比が利いている。

この護岸の凝灰岩の一つは小の字島の陸側から見ると、突き出して高く、海石のまたちがった表情が見られる。石の上部の表面に海蝕による丸い孔がいくつも開いており、海のイメージが強く伝わってくる。

この庭では、他にも池畔の大石の上部を陸側からも見せるように組んでいる場所がある。お伝い橋つまり水上からの視点、陸上からの視点を、共に意識した石の使い方をしている。

この庭は海岸にあるせいか、野面石の施工当初の表面色がよく残っている。内陸の庭園の石は施工当初の色よりも暗くなっていることが多く、石組に色彩対比が意図されていても、石の色が暗くなり、わかりにくくなっていることもある。

図２　浜離宮・小の字島　黒ぼく石（玄武岩）と明色の凝灰岩（2018）

図２-２　小の字島の凝灰岩を陸側から　背景は「中島橋」(2018)

図２-３　下田市　須崎歩道・池の段　海岸の凝灰岩の転石（2016）

浜離宮恩賜庭園
燕の御茶屋・護岸の多様な石
中央区浜離宮庭園

大泉水の「燕の御茶屋」の前面、黒ぼく石（玄武岩）の護岸に、赤い玉石が水際に組み込まれているのが見える。ごつごつざらざらした暗い無彩色の護岸に、赤い玉石がワンポイント入っていると、おしゃれにも見える。鉄分が酸化した赤い玄武岩である。護岸の天端ではなく、池の水位によって見え隠れするような位置に赤い石を組み込んだのは、気が利いている。

富士山や箱根火山の玄武岩の溶岩のある場所に混じっている赤い石である。小田原市の根府川海岸（⇒1）の玄武岩の黒い転石にも赤い石は混じっている。そうした方面の海岸から石材を運んでくれば、赤い石は自ずと混じる。しかし混じって来た赤い石を使う、使わないは、次の判断である。

この護岸には、他にも多様な形姿の海石が見られる。たとえば大きな孔の開いた黒ぼく石も組まれているが、菱川師宣の「餘景作り庭の圖」には丸い孔の開いた大石がくり返し描かれており、こんな庭石があればよいと考えられていたらしい。

「お伝い橋」からの視点を意識した護岸である。

図3　燕の御茶屋　赤い玉石（右下）、孔の開いた石（中央下）（2018）

浜離宮恩賜庭園
お伝い橋と花崗岩の飛石・石段
中央区浜離宮庭園

4

暗色の安山岩と玄武岩の利用が多い浜離宮にあって丸みを帯びた花崗岩は明るく暖かい印象がある。「燕の御茶屋」から「お伝い橋」を経て「中島」まで、飛石と石段状の踏石は明色の花崗岩でほぼ統一されている。お伝い橋の橋台地を兼ねた「小の字島」には藤棚の下の園路に花崗岩の飛石が打たれ、花崗岩のゴロタが敷き詰められ、藤花と飛石は色彩を引き立て合うかのよう。お伝い橋の出入口の低い石段は、平坦で丸みを帯びた花崗岩が使われている。花崗岩は「松の御茶屋」の沓脱石（⇒6）の役石や、「御亭山」の石段にも使われている。お伝い橋や御茶屋の建造と共に花崗岩もこの庭に導入されたのであろう。江戸初期、1645（正保2）年に版行された京都の松江重頼による俳諧の方式の書「毛吹草」に各地の物産が記載され、摂津に『御影飛石（ミカゲノトビイシ）』とあった。

図4　浜離宮・小の字島　藤棚下の飛石とお伝い橋（画面奥）（2018）

5 浜離宮恩賜庭園 池畔に散りばめた青石 中央区浜離宮庭園

潮入りの池の畔、「小の字島」と対岸の「八景山」に青石（緑色片岩）を散りばめるかのように使っている。青石が呼応するかのようにも見えて美しい。この庭は石組をほぼ小田原・伊豆半島方面の石で構成している（⇒1・2・3）が、青石はその方面に産出しない。青石の青はgreenである。

青石は京都の庭に鎌倉時代から使われていた。青石は日本列島を縦断する三波川変成帯に産する石で、京都には和歌山か徳島方面から大阪湾・淀川を経て運ばれたとみられる。江戸初期の「毛吹草」に紀伊に『大崎(オオサキノ)庭石(ニハイシ)』と記載され、大崎は現在の和歌山市の南で青石産地に近く、庭石は青石を指すのであろう。商品として流通していた青石は、庭園に格別の石とされ、江戸にも遠方から運ばれてきた。山から崩落したばかり、あるいは採掘された山石の青石は、稜角があり表面はざらついている。河床にあり流水で磨かれた川石の青石は、丸味があり表面に光沢がある。海岸にある海石の青石は、やや丸みを帯びるが表面は無光沢である。浜離宮の青石は海石の特徴を示している。青石の産地には三波川、秩父、紀州、阿波、伊予などがある。図に**和歌山市地ノ島、愛媛県伊方町三崎**の青石の海岸の例を示す。伊豆半島方面以外の石で、浜離宮で積極的に使われているのは緑色片岩と花崗岩（⇒4）のみと言ってよい。

図5　浜離宮　小の字島の青石（左）と八景山（対岸右）の青石（2018）

図５－２　和歌山市地ノ島　青石の海岸（1981）

図５－３　愛媛県伊方町三崎の青石の海岸　露頭に板状節理がある（1989）

6 浜離宮恩賜庭園 松の御茶屋と燕の御茶屋の石 中央区浜離宮庭園

大泉水の北岸、「お伝い橋」の東側に「松の御茶屋」(復元)、西側に「燕の御茶屋」(復元)がある。松の御茶屋、燕の御茶屋は11代将軍家斉の時代の建築だった。周囲の庭石は残っていたが、茶屋は太平洋戦争の空襲で焼失し近年復元された。洗練された数寄屋造(すきやづくり)である。

松の御茶屋：東側、雨落ちの敷砂利の中に沓脱石がある。沓脱石は茶屋の室内と庭の接点でもある。履物を脱ぐ面は平坦だが、見えがかりの側面に鮮やかな海蝕を見せる灰色の安山岩である。茶屋の木材がきれいな白木であるのと対照的。沓脱石の手前に低くしつつ配した二番石が青石（緑色片岩)、三番石が御影石（花崗岩)、色違いで華やかである。青石は茶屋の雨落ちの縁石（花崗岩）の線上に据えられている。御影石の表面が荒れ、縁石が激しく欠けているのは空襲による茶屋の火災の影響。

燕の御茶屋：東側、雨落ちの敷砂利の手前に大きな根府川石（安山岩）が１枚敷かれている。江戸時代に使われた根府川石としては大材であるが、この庭に根府川石の利用は多くない。根府川石は板状節理のため平坦で、美しい鉄錆色をしている。根府川石のそばに海蝕鮮やかな玄武岩の庭石がうずくまるように据えられて、両者にテクスチャーの対比の妙がある。

根府川石は**神奈川県小田原市米神**の相模湾に面した山で採れ、海にゆかりのある石である。「新編相模國風土記稿」の根府川村の『土産』に『根府川石　西山より産す、石理尤緻密にして、且堅牢、年所を經れど剝落するの患なし、故に碑石或は庭中の飛石などに専ら用ゐる』とある。

図６　小田原市米神　根府川石の採石場から相模湾（1998）
「地域環境科学概論Ⅱ」より

図6－2　松の御茶屋の沓脱石　右から安山岩の海石、青石、御影石（2017）

図6－3　燕の御茶屋　根府川石の左に玄武岩の海石（2018）

浜離宮恩賜庭園
中島の護岸のグラデーション
中央区浜離宮庭園

大泉水の「中島」は「中島の御茶屋」(再建) に存在感があるが、護岸も見どころである。北東側の池畔から、あるいは北側の「小の字島」から、中島を見たとき、石の護岸の造りが均一ではないことがわかる。

中島の護岸は、南側の水上にせり出した御茶屋の舞台 (ウッドデッキ) の側は切石積み、北側の小の字島側は粗野な野面石の石組、両者の中間の場所では切石積みと野面石の石組を併置、精粗のグラデーションを付けている。

幾何学的な形態の舞台近くの護岸は切石積みにし、植栽があり粗野な石組護岸の小の字島近くの護岸は石組にして、視覚的に調和させる配慮をしている。

切石と野面石では外観のイメージが異なるためである。

図7　浜離宮　中島の御茶屋と護岸（2018）

8

浜離宮恩賜庭園
海蝕あざやかな石を飾る
中央区浜離宮庭園

海蝕により大きくえぐれた形をしている黒っぽい玄武岩を、「中島橋」のたもと、「中島」の陸上に単独で据えている。飾り石としての使い方であり、その周囲に他のものは置かず、空間を広く取って石の存在を引き立てている。いわば余白の取り方に品がある。この広い庭には海蝕でえぐれたような形姿の石が陸上にも随所に配されている。

この庭に巨大な立石は無く、派手な色石も青石(緑色片岩)くらいしかない。海蝕のあざやかな奇岩怪石ともいえる石は、庭の添景として重用されているのである。

潮入りの池の護岸に海蝕のある石を組み込む技法(⇒1・2・3)と併用し、陸上に海蝕のある石を単独で据え、庭園に海岸のイメージを強調している。

東京に残る大名庭園で、海石を深く愛好し、最もよく活かしているのは、浜離宮恩賜庭園である。

江戸時代には庭石は商品として流通していたから、海蝕により大きくえぐれた形の玄武岩は、浜離宮庭園内の取り扱い方から見て、青石に匹敵するほど高価だったのかもしれない。

図8　浜離宮　海蝕あざやかな石と中島橋(2018)

9 浜離宮恩賜庭園　池畔の藤花と海石
中央区浜離宮庭園

上昇期江戸市民社会の絵師、浮世絵の大成者、菱川師宣による「餘景作り庭の圖」(1680（延宝8）年) という書物がある。書物中の池と藤棚の図さながらの景色が浜離宮にある。その図の説明文を次に引用する。

『此の藤の棚は……此の庭は水辺近き所の下屋敷などに植えおき……藤の花房の長さを見るために座敷より花のもとまで海石の低く目なるを据えて庭には砂利を敷くなり……これ名残りの春の庭なり』(註：下線は著者) ここでいう『海石の低く目なる』は飛石のことだが、江戸時代の庭の書物に海石という言葉は、実はあまり出てこない。

浜離宮の「小の字島」を遠望すれば季節には藤棚に花房が多数咲き、御影石の飛石が打たれ、島の水際には低く据えて組んだ海石がある。11代家斉は1796（寛政8）年にお伝い橋上に延べ11間に及ぶ藤棚を架けた。

池畔の藤棚は江戸時代の植栽のスタイルの一つである。愛媛県宇和島市の大名庭園、伊達家の天赦園は池畔に大規模な藤棚があり、東京都江東区の亀戸天神社境内の池畔の藤棚 (⇒63) もよく知られている。

図9　浜離宮　小の字島の藤花と海石（2018）

浜離宮恩賜庭園　船着き場の切石積み　10
中央区浜離宮庭園

大泉水の北と南に船着き場が2か所ある。2か所とも造り方はほぼ同じで、大きな楔(くさび)型をしており、池畔から水面へ傾斜している。

船着き場の切石積みは細長い直方体に加工された安山岩、一部に花崗岩を使っている。頑丈で安全第一の船着き場と言える。

石積みの平面と側面を見比べると、側面の方が、風化が著しい。側面に注目すると、石材によって表面の風化の仕方が異なっている。つまり、個々の石材はすでに表面が風化していたが、風化した面を側面に見せるように加工し、積んだのである。幾何学的な形の船着き場を、より自然に見せ、庭に溶け込ませるための工夫であろう。

庶民の渡し船の船着き場が木造だった時代に、園池に石造の船着き場。なんと贅沢なことか。

図10　浜離宮　船着き場（2018）

11 浜離宮恩賜庭園 水位の変化と池畔の石
中央区浜離宮庭園

かつて東京には潮入りの池、つまり東京港の海水あるいは隅田川の汽水を引き込んでいた池のある庭がいくつもあった。さまざまな事情で、現役の潮入りの池は浜離宮恩賜庭園の大泉水だけになった。大泉水にはコイではなく海魚が泳いでいる。

といっても大泉水の水位の変化を、海水の干満のままにしているわけではなく、水門の開閉で調節している（⇒12）。

読者がこの庭を訪れるタイミングがよろしければ、潮入りの池の水門が開いて水位が刻々と下がる、あるいは上がる様子を見ることができる。池畔の石組など、水位の変化で微妙に見え方が変わる。

著者が見るところ、水位の変化を想定した庭づくりとしては、旧芝離宮恩賜庭園（⇒16）の方が、手が込んでいるようである。しかし残念ながら、そちらはすでに真水の池になり、水位の変化は見ることができない。

図11　浜離宮　水位の変化と池畔の石（2018）

浜離宮恩賜庭園 横堀水門内側の石積み 中央区浜離宮庭園

12

浜離宮庭園は潮入りの池のため、海水を取り入れる水門と引き込み堀を設けている。東京港は大潮の時など、干満の差は数メートルにも及ぶ。干満をそのまま庭の池に取り込むことは、景観の構成上、とても無理な話である。水門の開閉により池の水位は調節されている。浜離宮庭園の東側の海辺、満潮時に閉ざされた「横堀水門」のそばに立ち、満潮の海面と水門内側の池の水面を見比べれば、海面よりも池の水面が低いことはすぐわかる。干潮時に水門は開けられ、池の水は低い海面に落とされる。

水門の内側、潮入りの池「横堀」に至る引き込み堀は、平面形がゆるやかな曲線を描きつつ､石積み護岸は海側から横堀へ天端が徐々に低くなる。水門と石積みが現代の改修にしても、浜離宮庭園の外郭の石積みは江戸時代のもので、池畔の石組は水面上にきれいに見えているので、元来池水面は、満潮の海面よりも低く設定されているのである。横堀水門内側の安山岩の石積みは、切石の成層積みから、崩した切石積みになり、横堀の玉石護岸に移行するが、このグラデーションも見どころである。

水門の北に石段状の「将軍お上がり場」がある。1868（明治元）年、薩摩・長州軍と臨戦態勢の大坂城を脱出した徳川慶喜は、オランダで建造した軍艦・開陽で品川沖に帰還、浜御殿（当時）に入った。

図12　浜離宮　横堀水門（右）と横堀への石積み・玉石護岸（2018）

13 浜離宮恩賜庭園 園路の安山岩製の皿形側溝 中央区浜離宮庭園

「中の御門」の東側、「延遼館跡」の南側の広い園路は豆砂利敷き。その両側は雨水排水の皿形側溝でおしゃれをしている。安山岩製、皿形の底で二つに分けて加工し長さは不揃い、現場で組み合わせ、曲線の園路に施工したものである。1870（明治3）年に皇室の離宮になり、初の西洋風石造建築の延遼館が明治の半ばまであった。その当時の側溝と見られる。雨水は集水ますから地下排水管に流れる。園路の側溝のそばに可美真手命（うましまでのみこと）の銅像（1894（明治27）年）があり、神話の初代・神武天皇に従った神である。

1903（明治36）年開園の日比谷公園の幹線園路（当時は豆砂利敷き）にも皿形側溝があるが、皿形の両側の平坦な部分は花崗岩製の直方体の縁石、溝そのものはコンクリート造。1906（明治39）年開園の新宿御苑のフランス式整形庭園の、豆砂利敷き園路の皿形側溝はコンクリート造に玉石張り。浜離宮の皿形側溝は石工の手間がより多くかかったが、コンクリートよりも石への信頼が高かったのである。浜離宮は1945（昭和20）年、太平洋戦争が昭和天皇の玉音放送により終わって間もなく、東京都に下賜された。

図13　浜離宮　安山岩製の皿形側溝（2017）

浜離宮恩賜庭園
延遼館跡・枯流れの青石の橋
中央区浜離宮庭園

14

「延遼館跡」には現在、明るく広い平庭の南東側に枯(かれ)流れ・枯(かれ)池と石組、植栽があるばかりである。浜離宮の西洋風石造建築の迎賓施設・延遼館の正面玄関は大手門方向に北面し、延遼館のバルコニーは南面し、枯れ流れのある平庭は南庭に相当する。

1904（明治37）年の日本初の航空写真（斜め写真）には、浜離宮の延遼館跡に西洋風の幾何学的な形をして白っぽく空地が目立ち、植栽がそれを縁取るように写っている。1909（明治42）年の一万分の一地図の浜離宮は、延遼館跡に池と流れが描かれている。延遼館の南庭の地割りは西洋風、ディテールは和風というべきか。

延遼館跡の枯流れに青石（緑色片岩）の橋が架かっている。緑色片岩には板状節理があるが、石材の割肌を活かした石橋である。大きな青石の橋の、欠けたように見える角に小さな青石を添えている。石橋を渡るとき、平面形を美しく見せる造り方である。

青石の橋のたもとの橋挟みの石に海蝕の鮮やかな石や玉石を使っているが、いかにも海辺の浜離宮恩賜庭園らしい。

江戸・東京の庭園では、京都とは異なり、板石の橋は実用本位、側面から見て必ずしも美しく見えない。

図14　浜離宮　枯流れの青石の橋（2018）

15 旧芝離宮恩賜庭園 石組の表現と石の形姿 港区海岸 1

旧芝離宮恩賜庭園の敷地は江戸時代17世紀後半の海浜埋立地である。石垣に囲まれ東側の海に突き出した敷地であった。そこにたてものと庭園を造った。池には海水を出入りさせた。現在はたてものが消滅し、池は真水である。この池泉回遊式の庭園は石組が優れ、格調が高い。

改造をくりかえした歴史があり、園内の区域によって石の形姿を使い分けている。「滝石組」と「根府川山」の石組に顕著で、両者を見比べると石の形姿と表現の違いがよくわかる。

滝石組は丸みを帯びた石を使い、水無しで滝を表現している。丸みを帯びた石は水で磨かれたイメージがあり、それを活かしている。穏やかな印象の石組で、落差の小さな滝である。この石組の現状は関東大震災後の改修という見方もある。滝石組から水が落ちている江戸時代の絵図がある。海水には干満があるから、仮に、高い潮位で取水する水門と底の高い堀、それと別に低い潮位に排水する水門と底の低い堀か排水管があれば、取水時に小さな滝を見せることは可能だったはずだが。

根府川山は角張った石を使い、険しい山を表現している。角張った石には荒々しさや緊張感のあるイメージがあり、それを活かしている。

見た目の印象はかなり異なるが、どちらの石組の石材も石質は安山岩がほとんどである。安山岩には板状・柱状の節理があり、石塊に層理がある。

図15　旧芝離宮　滝石組（画面中央、対岸から望む）(2017)

滝石組は池畔の盛土のり面を背に控えて、幅の広い面を池の対岸方向に向けており、層理の向きをそろえた石の組み方をしている。

根府川山の石組は池畔の盛土の上に板状、柱状の石を様々な向きにダイナミックに組んでいる。滝石組も根府川山も池の東岸にあり、そのさらに東はかつて海であった。現在は常緑広葉樹が茂り、紅葉する樹木も植栽されているが、江戸時代には松が主体だったであろう。

1678（延宝6）年、肥前唐津藩主・老中・大久保忠朝の上屋敷に。1686（貞享3）年、大久保家は旧領の小田原に復帰、小田原から庭師を呼び作庭、楽寿園とした。庭石は江戸初期には商品として流通し、庭石屋も存在していた。大久保家は幕末まで小田原藩主であったが、この庭園の主は19世紀から数家が交代する。根府川山は19世紀後半、紀州徳川家下屋敷時代の築造と考えられている。根府川は大石の産地、あるいは出荷地として知られていた（「武江年表」寛永18（1641）年の記述）。維新後1876（明治9）年から芝離宮に。明治天皇も行幸された。この庭園も関東大震災で被災し、1924（大正13）年に皇太子（後の昭和天皇）の御成婚を記念して東京市に下賜され、旧芝離宮恩賜庭園に。この庭園の北側の出入口からJR浜松町駅前を経て西へ向かうと徳川将軍家の菩提寺、芝の増上寺である。

図15-2　旧芝離宮　根府川山の石組（画面右側、対岸から）（2017）

16 旧芝離宮恩賜庭園
池底の飛石・干満のある池の名残
港区海岸1

池底の飛石を見るには水が澄み、藻も付いていない冬季がよい。日本庭園の池は古来、海を表現しているが、この池は潮入りの池であった。海水を引き込んでいたから潮の干満によって池の水面が上下し、庭景が変化した。水位の上下するのを前提にして飛石も配置したから、真水を満たしている現在、水面下のままになった飛石がある。東の竹芝ふ頭まで広がった埋立地の中で庭園そのものが内陸になり、海から遮断され、海魚が泳いでいた池に、今はコイが泳いでいる。

「中島」と「浮島」の間、また「滝石組」の南側にも、池底に飛石がある。むろん水位が下がったときに歩いて渡る飛石である。飛石の一部は形から根府川石（安山岩）（⇒6）とみられる。1972（昭和47）年、庭園の地下に東海道線の増設軌道を通す工事の事故で、浮島は沈下し修復された。

池底に飛石はあっても石段は無く、水面が上下するとしても数十センチメートルの範囲のようである。大潮の時など東京港の干満の差は数メートルにおよぶ。それをそのまま庭池の水位の変動に取り入れられるほど池は深くない。庭園の北東側に水門跡が残っているが、海に面した水門の開閉で池の水位を調節したことであろう。

ついでながら、江戸時代にこの屋敷の飲料水は玉川上水の水道であった。

図16　旧芝離宮　中島（手前）から浮島への池底の飛石（2017）

旧芝離宮恩賜庭園　水上の配石　港区海岸1

17

この庭の池には汀線から離し池の水上に配置した庭石が数多くある。それらは海に浮かぶ岩島を模した石の技法である。

そのため多島海を縮小したような景観になっている。

異色なのは、「中島」と「浮島」の間に配された七つほどの石である。大小の石が直線的にならび、石の天端の高さもほぼそろって、力強さを感じさせる。天端が平坦な石は、おそらく安山岩の板状節理のためであろう。夜泊石（よどまりいし）つまり停泊する船団を象徴する技法にも見えるが、石の形・大小・間隔を微妙に変えて人工的に見えないようにしているのはさすが。

庭を施工するときは当然、水の無い状態で石を組む。周到に位置と高さを決めたうえで、石を浮かぶがごとく見せる。巧みなものだと思う。

中島と浮島は17世紀の大久保家上屋敷時代、つまり庭園の草創期の築造と考えられている。

中島から見て北側の池畔は現在、広場のようになっているが、かつては屋敷のたてものが連なっていた場所である。

図17　旧芝離宮　中島近く水上に直線的に並ぶ石　対岸が北（2018）

18 18旧芝離宮恩賜庭園 渓谷状の枯滝石組 港区海岸1

築山「大山」から見下ろすと「枯滝(かれ)」の石組の全貌が見えて面白い。丸みを帯びた安山岩と凝灰岩の柱状・板状の野面石を、築山の間の狭く緩い傾斜の園路の両側に、長い壁状に重厚に組んでいる。この旧芝離宮恩賜庭園は池泉回遊式であり、稜角のある石を使った石組の区域もあるが、この区域はそうではない。

この庭園には凝灰岩は少なくないが、壁状の枯滝の区域には集中的に使っている。鉄さび色をしているのは凝灰岩だが、色彩効果も考えたのか。

枯滝と呼ばれているが、渓谷に沿っていくつかの小滝がある景色を枯山水の技法で表現した、と言えば理解し易いか。石組の間の狭い園路が渓流ということになる。小ぶりの石だけで組み上げた枯滝、丸味を帯びた柱状の石を立て並べた枯滝、板状の石3枚をずらして組んだ屏風岩、など石組は変化に富んでいる。渓谷の縮景であるが、抽象化もされている。

海水を引き込んでいた池の庭であり、池の水面以上に海水を揚げることはできなかったから、滝や渓流の表現は枯山水の技法を使ったのである。

枯滝石組は19世紀後半、紀州徳川家下屋敷時代の築造と考えられている。

図18　旧芝離宮　枯滝全景「大山」から（2017）

図18-２　旧芝離宮　枯滝（画面中央）と砂浜（2017）

図18-３　旧芝離宮　枯滝の滝石組　画面奥に池（2017）

19 旧芝離宮恩賜庭園「大山」の石段と石組 港区海岸1

池の南西岸に芝で被われた築山は「大山」と呼ばれ、玉石（安山岩）や丸みを帯びた平坦な石による石段が設けられている。石段は傾斜を緩やかにするため曲線を描く。江戸の庭でさまざまな使い方をされた玉石は、石段への使用例も多い。形・大きさの使い勝手が良かったのであろう。

石段の両側に板状の根府川石（安山岩）、板状の青石（緑色片岩）、尖った形の黒ぼく石（玄武岩）による石組があり、築山に険しさを表現するアクセントとなっている。築山に根府川石を立てる技法は神社境内の富士塚（⇒98）にも見られる。大山は紀州徳川家下屋敷時代の築造と考えられている。

17世紀の大久保家上屋敷時代は、池の南西岸には家臣たちの長屋が並んでいた。下屋敷には多数の家臣は居なくてよいから、敷地が空いた。

埋立地は元来平坦地、庭池を掘って出た土による築山である。築山は眺望を求めていた。かつては東に大海原を望み、西に富士山、北に筑波山を眺め、足元にはきめ細かな造りの池の庭を見晴らし、という築山であった。現在、海側へ埋立地が広がり、周囲を高層ビルに囲まれ、眺望どころではなくなったが、園内の見晴らしはよい。平坦な埋立地に起伏を造る造園技法は、現代の東京港の海上公園にも継承されている。

図19　旧芝離宮　「大山」の石段と石組（2017）

旧芝離宮恩賜庭園の砂浜
港区海岸 1

築山「大山」の山裾の池畔に砂浜が広がり、「枯滝石組」の園路の出口、つまり水の無い渓流の河口に相当する場所に砂浜の端がある。自然の海浜の立地を観察して庭に反映したようにも見えるが、作庭書「築山山水伝」の『庭坪地形とりの図』の構成に似ている。大山と砂浜は池の南西岸にあり、かつて屋敷のたてものの展開していた北岸から望むと、雄大な庭景が表現されている。芝浜の石垣に囲まれた埋立地の庭池に海水を引き込み、そこに砂浜まで造ったのだが、この砂浜は池中へ傾斜したに先に、詰め杭を打ち込んで砂を止めている。

砂浜に飾り石のように形・色彩の異なる水で磨かれた庭石を点在させている。１石は花崗岩でそれ以外は安山岩。園路近くには青石（緑色片岩）も配している。こうしたところは自然の海浜とは異なる。

この砂浜の砂は公園の砂場のように細かい。それは江戸の海浜の砂に似た素材であった。明治時代でも芝浦海岸は春の潮干狩り、夏の海水浴の場所だった。現代の東京港はお台場海浜公園などに人工ビーチを造成し、しながわ区民公園は海水を導いた人工池に砂浜を造ったが、それらの原型のような旧芝離宮恩賜庭園の砂浜である。この砂浜は紀州徳川家下屋敷時代の築造と考えられている。

図20　旧芝離宮　砂浜と「大山」（画面右上）（2018）

21 旧芝離宮恩賜庭園 風化した根府川石の飛石 港区海岸 1

池畔を回遊する園路に数多くの飛石が打たれている。飛石のほとんどは根府川石（安山岩）で、天然の板状で角張った石である。

旧芝離宮恩賜庭園の飛石の根府川石の多くは、踏む表面が風化して薄くはがれたようになり、薄い側面も新鮮な割れた肌ではなく風化して層理の凹凸を見せている。風化した根府川石というものが、昔は庭石として流通し、表面の粗い形姿を愛でて利用されたらしい。飛石の表面がやや粗いと、歩いて滑りにくく、見た目にも庭の景色に溶け込んで落ち着きがある。

根府川石は現在も使われている石材だが、市場に出回っている根府川石は石切場（⇒6）で採取されたものである。板状節理があり板状に割り採りやすく、表面が平滑で鈍い光沢があり、鉄さび色が美しく角張っている。

飛石は露地（茶庭）で創出された技法で、飛石があれば、それらを踏んで歩くのが基本である。旧芝離宮恩賜庭園にも茶屋はあったが失われた。

図21　旧芝離宮　風化した根府川石の飛石（2018）

旧芝離宮恩賜庭園
火を浴びた石灯籠と州浜の青石
港区海岸1

池の州浜は花崗岩のゴロタ石を敷き詰め、現状はコンクリートで固めている。州浜に三脚の雪見灯籠がある。1876（明治9）年からの離宮時代の石灯籠と考えられており、この庭園のシンボル的な存在である。雪見灯籠の背が高いのは離宮の建築に対峙するためだったか。この石灯籠は、関東大震災の火を浴びたようである。脚部を安山岩、それより上部は凝灰岩を加工して組み立てている。凝灰岩の部材は損傷してやや小さくなり、笠は原形を留めず、表面がざらついている。つまり（傷物）なのだが、野面石を重ねた山灯籠に近い風合いになり鑑賞価値を失わない。洲浜の石灯籠に大きな庭石が二つ添えられている。一つは青石（緑色片岩）で、州浜に伏せて据えられている。この青石は華やかな色彩で表面も変化に富む。火災のため表面のざらついた石灯籠と、つややかな青石は対比効果があり、引き立て合う。石灯籠は都市の大火の恐ろしさを伝える。

図22　旧芝離宮　池の州浜・雪見灯籠と青石（1987）

23 芝公園　もみじの滝と川石
港区芝公園4

芝公園は1873（明治6）年の太政官布達による公園の一つである。当初は増上寺の境内を中心とする大公園だったが、太平洋戦争後の政教分離によって、増上寺を囲む環状の緑地帯になった。それでもいくつもの区域に分かれ、都立芝公園の総面積は12haに及ぶ。

東京タワーが芝公園の西の台地上に立ち、その直下の園内に高さ10mの「もみじの滝」と滝水の流れ込む「もみじの谷」がある。これは1905（明治38）年に長岡安平（1842～1925）が滝と渓流を設計し、「紅葉滝」として知られていたもので、1984（昭和59）年に修理・復元された。

もみじの滝の石組は日本庭園の古典的な石組とは異なり、自然の観察に基づく写実的な滝である。景色を縮めて表現する縮景の技法には違いないが、滝は落水の美しさこそ、という考え方の設計であろう。細い滝水が上段は右向きに中・下段は左向きに、しなやかにうねるかのように落ち、日本画を思わせ、品のよい色艶を感じさせる。著者は富山県の落差の大きな称名滝を連想した。

滝の岩壁を構成する石材はほとんどが安山岩である。自然の滝は岩山の切り立つ岩壁を落下するが、造園の滝は石を積み上げて岩壁を造り出す。水しぶきの当たるところには、主に丸みを帯びた川石を使い、コンクリートで目立たぬように固めている。自然の滝の岩壁に丸みを帯びて滑らかな石など無いが、丸みを帯びた川石は水で磨かれたイメージがあるので、それを活かしている。もみじの滝の岩壁の脇には割肌の石も多数あり、矢跡のある石も使われ、険しさを表現している。滝の周辺の石組も安山岩が多く使われている。

滝の落水はもみじの谷の渓流に注ぐが、合流するところに小滝を造り、心憎い。もみじの谷の渓流は崖地に並行するように流れており、その水源は滝とは別に北側にある。渓流を表現するため、岸辺や流れの中にほとんどが安山岩の大中小の丸みを帯びた石を使っている。石のサイズに連続性があり、寝かせたように据えられて、自然の渓流の姿に近い。流れの底は平坦に造られ、礫が自然な雰囲気を醸し出している。沢渡りの石は安山岩の玉石を使っている。長岡安平は繊細な景色をつくりたかったのである。崖に滝、崖下に流れを造るのは名主の滝公園（⇒85）と共通する造り方と言える。

記録によると、明治の紅葉滝を築造するときの石材は『東京府内の発生材』が主だったようである。どこかの現場から出た不用の石であった。

なお芝公園内もみじの滝の区域は2020年まで工事のため閉鎖。

図23　芝公園　もみじの滝（2017）

図23-２　芝公園　もみじの谷　沢渡り附近（2017）

24 愛宕神社の男坂・女坂 港区愛宕1

鉄道唱歌（1900（明治33）年）に歌われた愛宕山は、江戸初期から防火の神、愛宕神社（主祭神は火産霊（ほむすび））が祀られていた。標高26mの愛宕山はかつて東京の町と海を眺望できた。愛宕神社の男坂・女坂の石段は「江戸名所図会」の『愛宕山権現社』当時の姿を今も見せている。石段の石材は男坂・女坂共に、直方体に加工した安山岩の切石で、蹴上（けあげ）と踏面（ふみづら）の寸法は一定、長さにばらつきがある。表面は、粗いすだれ状の仕上げである。

急勾配の男坂の石段には踊場（おどりば）（階段途中の広い平坦面）が無く、神社だから許容される造り方である。女坂は傾斜をゆるくするために迂回し、踊場がある。男坂の石段の踏面の寸法は蹴上よりもやや長く、したがって傾斜は45度以下なのだが、著者は見下ろすと怖く感じる。

男坂の中央には手摺りの代わりに鎖が施され、坂の上下の支柱に『明治十三年』（1880年）と刻まれている。支柱は花崗岩製の四角柱。男坂を見上げると上に鳥居があるが、「江戸名所図会」にはそこに仁王門が描かれ、神仏習合の仏教的な施設があった。近代の愛宕神社は社格制度で村社に。愛宕神社側から願い出て1886（明治19）年に愛宕公園が開設された。太平洋戦争後、政教分離となり、愛宕公園は廃止。

現在の男坂・女坂には、後補の石造の垣や鉄製の手摺りがある。

図24　愛宕神社の男坂・女坂（右）（2017）

安藤記念教会の外構 港区元麻布２

25

1917（大正６）年に竣工した大谷石（凝灰岩）の組積造（そせきぞう）の教会である。石やれんがを積み上げた組積造の建築の多くが、関東大震災で被災したのに、耐えて残ったことに驚く。大谷石は産地の宇都宮で土蔵やかまどに使われていたが、フランク・ロイド・ライト設計の旧帝国ホテル（現在、博物館「明治村」に移築・保存）に採用され、震災に耐えて一躍有名になった。この教会での利用は同ホテルに先行する。

教会の入口への敷石は花崗岩、框（かまち）は小松石（安山岩）、と硬い石を選び、低い外柵は軟石の大谷石。大谷石の外柵の内側に、低い木柵、植栽と掲示板そして小ぶりだが江戸・東京の庭石の代表格、青石（緑色片岩）と根府川石（安山岩）。大谷石の外柵は損傷が目立つ。大谷石は石材としては吸水率が高く、冬季に吸水し結氷すればひび割れの原因になる。

それはさておき、教会の街路に面したごく狭小な外構に石の外柵とは、西洋で一般的であろうか。せいぜい低い木柵を設ける程度ではないか。石で塀や柵をきちんと巡らせないと落ち着かないのが、日本的なところであろう。なお教会建築の左側に、安藤記念幼稚園の入口の石積み門柱と扉があり、奥に園庭が見える。プロテスタントの教会。

図25　安藤記念教会（2018）

26 麻布氷川神社　鞍馬石の手水鉢
港区元麻布１

神社の手水舎の御手洗（みたらし）に、とても迫力のある手水鉢である。丸みを帯びた形、暗褐色で大きくどっしりとしているが、上部は水平に切られている。京都銘石の鞍馬石（花崗閃緑岩）を加工し、側面の錆びたような色の野面と、上部に丸い水鉢を掘って磨いた白っぽい面との対比が鮮やかである。磨いた水鉢の底から清水が涌き出し、鞍馬石らしくタマネギの皮が一部薄くはがれたような暗褐色の側面に、水が伝い落ちている。

鞍馬石は東京でも大阪でも庭石として人気が高く高価であった。鞍馬石は大小の野面石を少し加工し積み重ねて、石灯籠にも使われた。この手水鉢は鞍馬石の特徴を熟知し、よほど成算がなければできない独創的な加工法である。手水鉢の下には鞍馬ゴロタを敷きならべ鉄錆色で色調とテクスチャーをそろえ、その周囲は八角形の花崗岩の縁で囲んでいる。

1927（昭和２）年に麻布氷川神社（祭神：素戔嗚（すさのお）、日本武（やまとたける））の氏子により奉納された。鞍馬石を手水鉢に選ぶというのは、庭と庭石に趣味があればこそ。

「江戸名所図会」に『氷川明神社』として『麻布の惣鎮守』と書かれており、近代の社格制度で郷社であった。武蔵一宮の氷川神社（埼玉県さいたま市）を勧請している。

図26　麻布氷川神社の御手洗　鞍馬石の手水鉢（2018）

27 麻布氷川神社 恐慌のさなかの安山岩製の玉垣

港区元麻布1

1928（昭和3）年築造の玉垣は部材が暗灰色の安山岩製で、重厚で粗野にも見える表面仕上げである。これは木造の玉垣のデザインを石に置き換えたものではなく、石ならでは。石材加工を人力作業で行う場合、細い部材に仕上げるよりも、大きな断面の部材は手間が少ない。ただし石材の機械加工が主流の現代では、人力によるしかない粗い加工は高価になる。

今の東京には安山岩製の玉垣よりも、白っぽく磨かれた花崗岩製の玉垣（⇒42）が目につく。麻布氷川神社の玉垣のころまでは、安山岩は東京でまだなじみ深い石材だったのである。この神社の社殿は南面し、玉垣は境内が街路に接する西側だけ。やや変則的に見える配置になっているが、街路の交通量が増えて玉垣が築造されたのであろう。この玉垣の奉納者の名は、玉垣の門柱の裏にひっそりと彫り込まれている。

その後、社号標石、鳥居と境内が整備されてゆくが、日本経済は恐慌のさなかであり、この神社の氏子たちのゆとりを伺わせる。1929（昭和4）年の社号標石は花崗岩製、揮毫は侯爵・徳川義親、尾張徳川家の当主で邸が南麻布にあった。境内の敷石は白っぽい花崗岩製、1935（昭和10）年の明神鳥居は花崗岩製、玉垣とその他の境内施設は石質を使い分けている。

太平洋戦争の空襲で社殿を焼失したが1948（昭和23）年に早くも再建。

図27　麻布氷川神社　玉垣・鳥居・社号標石（2017）

28 有栖川宮記念公園　記念碑とテラス
港区南麻布５

園内の上の平地は洋風の広場で、有栖川宮熾仁親王（ありすがわのみやたるひと）の騎馬像、遊具類、テラスがあり、大勢の子供たちが遊んでいる。騎馬像は太平洋戦争までは千代田区隼町の陸軍参謀本部にあった。テラスは開園時からの施設で、壁には公園の来歴を記した記念碑（都による改修）がある。碑は磨いた黒みかげ（花崗岩）、壁の中央は切り放しの万成みかげ（花崗岩）、壁の左右と石段は小叩き仕上げの稲田みかげ（花崗岩）、３色の花崗岩を組み合わせて制作している。ブロンズのレリーフが失われ、壁の両袖と柱は改修で白く塗装。柱の間にベンチがあるが、柱の上のパーゴラの梁は失われた。

熾仁親王は1868（慶応４）年、西郷隆盛に補佐され東海道を下る新政府軍の東征大総督に。1877（明治10）年の西南戦争では鹿児島逆徒征討総督、後に陸軍大将。1895（明治28）年、日清戦争の広島大本営で病み、翌年没。

熾仁親王の弟、有栖川宮威仁（たけひと）親王は海軍軍人として活動した（⇒80）。近代日本の天皇は軍の大元帥であり、皇族男子は軍人になったのである。

江戸時代に陸奥南部藩下屋敷だった土地が、1896（明治29）年に有栖川宮威仁親王の御用地に。威仁親王没後、1913（大正２）年から高松宮の御用地に。東京市が公園の設計図を作成後、1934（昭和９）年に高松宮から東京市に敷地を賜り、すぐ着工、同年開園した。現在港区立公園。

図28　有栖川宮記念公園　記念碑のあるテラス（2017）

有栖川宮記念公園 擬木橋「猿橋」と渓谷の石組 港区南麻布５

29

有栖川宮記念公園は東から西に流れる二つの谷戸と、その上下の平地からなる。擬木仕上げの鉄筋コンクリート橋「猿橋」が架かる渓谷は南側の谷戸。渓谷の石組が水平方向にも垂直方向にも大きく展開し、擬木橋に調和している。橋の前後に渓谷の石組や滝がぴたりと収まっている。自然の渓谷の観察の反映であろう。橋と渓谷の織り成す景が見事で、測量と造園設計・施工の確かさに裏打ちされ、新たな公園景が生まれている。

猿橋直下の石組は黒くざらざらした玄武岩の大石、橋の上流の角張った石による滝石組も、橋の下流の石組も安山岩が主体である。この辺りの石組は代々木山谷の職人、成家徳次郎による。渓流の底は、コンクリート造で那智黒(粘板岩)の砂利が埋め込まれ、暗くつややかな河床を演出している。池に流れ込む直前にゆるやかな滝があり、子供が水遊びをしている。

この公園の開園時からの擬木橋は猿橋だけのようである。帝都復興事業で隅田川には永代橋・言問橋など不燃の近代橋梁が架設されていた。

当時東京市の公園課長は井下清（1884～1973)、井下は長岡安平（⇒23）の門下生の一人とされる。井下は大正時代に欧米の都市公園事情を視察し、関東大震災復興期の52の小公園の生みの親でもあった。井下は上原敬二博士（⇒91）と共に東京高等造園学校の設立に参画した。

図29　有栖川宮記念公園　擬木橋「猿橋」と渓谷の石組（2017）

30 有栖川宮記念公園　小滝と井筒の石組
港区南麻布5

二つの谷戸のうち、北側。滝と流れの畔には暗灰色の丸みを帯びた石だけでなく、しわの凹凸のある石、ごつごつした陵角のある石も使い、それらを組み合わせている。陵角のある石は、山から転げ落ちて水で磨かれていない、山石あるいは渓谷の上流の石ということになるが、その外観を活かした滝と流れである。石は安山岩が多い。

渓流に架かる擬木仕上げの小さな鉄筋コンクリートスラブ橋の下に、小滝の石積みがあり水が伝い落ちるように流れている。小滝の下流、流れの畔にコーナーを設けて花崗岩製の組井筒が配され、井筒から水が涌き出している。組井筒の周囲には板状の石、根府川石（安山岩）を用い、渓流にせり出すかのように仕上げている。小滝を伝い落ちる水と涌き出す水を同時に見せるという、凝った水景である。この辺りの橋や石組は開園時のままではなく、改修されているようである。

井筒は井戸の地上に組む囲いで、江戸時代には石造の組井筒は庭の施設として定着していた。実用の井戸は水を汲み上げるもので、井筒から水が溢れては困るはずだが、鑑賞用の組井筒の噴泉は近代庭園で流行した。

この公園は、大名庭園や富豪の庭のように青石など派手な色石や高価な庭石は使わず、庭石を単独で飾るようなこともしていない。

図30　有栖川宮記念公園　小滝（左）と組井筒（上中央）の湧水（2017）

有栖川宮記念公園 太鼓橋と渓流の石組 港区南麻布5

31

樹影濃い渓流からの広い流れに「太鼓橋」と称する橋が架かり、公園の景の焦点になっている。有栖川宮記念公園の二つの谷戸のうち、北側。三連続アーチが見える曲線の優美な橋である。鉄筋コンクリート造の躯体の橋で、高欄（手摺りに相当するところ）の笠石は安山岩、側面は当初鉄平石を張っていたが、現在は石張り風の擬石仕上げに改修されている。

高欄は歩行面からの背が高いのだが、側面からは高欄部分まで含めてアーチ造に見えるよう石張り風にしている。コンクリート造ということがそこでわかってしまう。連続アーチの橋脚も細く、石造アーチではこんなに細くできない。橋面は滑らかな上に凸の縦断曲戦で歩きやすい。

太鼓橋を西側から見ると、中央のアーチの向こうに渓流の石組が見える。上手い。測量と造園設計・施工の確かさに感じ入る。

「太鼓橋」と称する石張りのアーチ橋は明治神宮内苑にもある。

三連続アーチ橋は明治初期に創建された金沢市の尾山神社の庭園にもある。三連続アーチ橋のデザインの源流は中国であろう。

この公園の開園した1934（昭和9）年には満州国が帝政を実施、日本は中国大陸に進出しており、庭園など中国の風物を実見した者は増えていた。

図31　有栖川宮記念公園　太鼓橋と渓流の石組（2017）

32 有栖川宮記念公園　石段と石組
港区南麻布５

切石の石段は切石で直線に縁取られているというのが、近代の公園では一般的。しかしこの公園の「太鼓橋」のそばの石段は、花崗岩の切石を積んだ石段の両側に、大きな野面石がせり上って連続的に組まれ、野面石の出入りによって石段の幅は一定ではない。これは小石川後楽園の石段(⇒71)などに見られる伝統技法の応用である。

下から見ると、石段の切石面と両側の石組の野面のテクスチャーの対比がとてもよい。野面石はこの公園内には少ない稜角のある石を中心に選び、花崗岩・安山岩・玄武岩があり、それらを立てて使い、石段脇に迫力ある存在にしている。この辺りの石組は目黒の職人、杉本兼吉による。

施工手順は野面石の石組が先行したであろう。段ごとに現場合わせで、石材の長さを調整して加工する必要があり、施工に手間がかかっている。石組と石段は別の職人が担当したと思われるが、石段の職人もコレハオモシロイと喜んだのではあるまいか。仕上がりの良さが、それを物語っている。

そして雨に濡れた石段の踏面（ふみづら）の華麗なこと。赤い玉砂利を踏面のコンクリートに洗い出し仕上げにしている。色鮮やかな玉砂利は舗装に重用されていた。

図32　有栖川宮記念公園　石段と石組（2017）

有栖川宮記念公園 池畔の琴柱灯籠の写し 港区南麻布５

33

金沢の兼六園の琴柱灯籠の写し（模刻）が花崗岩製で東京の有栖川宮記念公園にある。樹影濃い池の南の中島に、反りのある二脚の灯籠が美しい。

兼六園の琴柱灯籠は二本の脚の一方は水中に、一方は池畔の台座の石に立っている。古図で当初二脚は共に水中にあったことが知られ、片方が破損して池畔の台座に立つようになったらしい。しかしこの写しは兼六園の琴柱灯籠をアレンジ、池畔の脚のみならず池中の脚にも台座の粗野な石がある。写しを仮に据えてみたら、背が低く見えたのか。池の北側に大きな八つ橋風のデザインで、水面すれすれに擬木仕上げの分厚く長い鉄筋コンクリートスラブ橋が架けられているが、写しの琴柱灯籠は、その橋にも調和している。数ある石灯籠の様式から、琴柱灯籠を選んだのはさすが。

有栖川宮記念公園の開園時の写真では大きな八つ橋（当時は美しい木造）のすぐ南の池畔に、写しの琴柱灯籠があり、水中の脚に台座は無い。

現在の琴柱灯籠の写しは２代目か。

兼六園は公園として、明治天皇の行幸啓により日本三名園の一つになる。有栖川宮記念公園は琴柱灯籠の反りのある二脚のデザインの近代性を認めて写しを据え、日本庭園らしさを付加している。有栖川宮家は威仁親王妃慰子（やすこ）が没して断絶したが、同妃は加賀前田家最後の藩主の娘であった。

図33　有栖川宮記念公園　池畔の琴柱灯籠の写し（2017）

34 東京国立博物館庭園　六窓庵露地
台東区上野公園13

茶室六窓庵は慶安年間（1648～1652年）奈良の興福寺慈眼院に建てられた。小さな茅葺の入母屋造は美しい。1875（明治８）年に博物館が購入。1877（明治10）年に第１回内国勧業博覧会が上野公園で開催、煉瓦造の美術館が現在の博物館の場所に築造され、その裏に六窓庵は移築された。

六窓庵の露地の寄付、腰掛は1881（明治14）年に設計・増築された。この年、第２回内国勧業博覧会が上野公園で開催、主会場のジョサイア・コンドル設計の煉瓦造建築は、1882（明治15）年に博物館本館になった。

六窓庵の優美な二重露地は、飛石はほとんど安山岩の野面石を使っている。安山岩の利用は江戸の庭の特徴の一つであった。３畳台目（３畳+小さな畳）の華奢な茶室に合わせて小ぶりの石を使っている。深い土庇の内側、にじり口（註：茶会の客が身をかがめて入る）の下に一部平坦に加工した安山岩の野面石を据えている。その右、後退している壁の窓の下、うずくまるような粗い表面の安山岩の野面石は、刀掛けの役石であろう。

にじり口の近くに四方仏手水鉢の蹲踞がある。花崗岩製の四方仏手水鉢は、925（延長３）年に関白藤原忠平が山城国に建立した法性寺の石塔の一つだったという。1885（明治18）年に博物館の所有になった。それを六窓庵路地に加え、降り蹲の形に組んでいる。四方仏手水鉢を囲む石は、右下に小さく丸みを帯びた黄土色のチャートの野面石、右に割れた肌の石など、手水鉢とテクスチャー・色彩の対比が効果的である。露地の中でここだけ石の形姿と質が異なる。

Ｊ．コンドル設計の博物館本館は関東大震災で損壊し、1937（昭和12）年に現在の博物館本館（⇒35）が竣工、翌年開館した。六窓庵は太平洋戦争中に解体、1947（昭和22）年に現在の位置に再建された。期間限定公開。

図34　六窓庵露地　四方仏手水鉢の蹲踞（2018）

図34-２　六窓庵露地（2018）

図34-３　六窓庵　にじり口付近　管理上、窓をふさぐ（2018）

35 東京国立博物館　本館前庭の池
台東区上野公園13

上野恩賜公園の東京国立博物館本館は1937（昭和12）年に竣工した。当時は東京帝室博物館・復興本館と呼ばれた。この本館はジャワの民家をモチーフにしたという東洋的な外観の建築である。基本設計は渡辺仁。鉄筋コンクリート造に和風の瓦屋根を載せる帝冠様式で、当時流行していた。博物館本館の前庭も戦前に築造された。

本館前庭には西欧風の整形式の沈床池があり、池の平面は長方形の短辺の中央で外側に円弧を出し、長辺を公園側に向け、公園への軸線を強調している。本館側に低い布落ちの壁泉がある。池の縁は花崗岩の切石を磨き上げて美しく重厚である。この池の平面形はフランスのヴェルサイユ宮殿にある池の形によく似ている。むろんヴェルサイユ宮殿の池の方がはるかに広い。上野公園を会場にした1881（明治14）年の第２回内国勧業博覧会の写真に残る、２棟の本館前の一対の小さな噴水池もその形であった。

上野公園の「竹の台」は近年改造され、石の広場に沈床式の整形的な池ができ、池は東京国立博物館前庭の池とほぼ相似形で長辺が博物館方向を指している。博物館前庭へのオマージュがうかがえる。博物館本館と前庭の池、そして竹の台の噴水へとヴィスタ・ラインが通っている。それは江戸時代ここにあった寛永寺の伽藍配置の軸線そのものである。

図35　東京国立博物館　本館前庭の池（2018）

浅草寺伝法院庭園 矢跡のある庭石を愛でる 台東区浅草２

36

浅草の観音様、浅草寺の本坊・伝法院には池泉回遊式庭園があり、寛永年間(1624～1644)の小堀遠州の作庭と伝わる。池畔は石がぎっしりと組まれ、構成は優美な中にも武家の庭のような雄勁な趣がある。明治時代に、大書院が池畔に西向きに再建されている。

伝法院庭園には、石切場で石を切るときに使う矢(wedge)の跡があざやかな凝灰岩の庭石が集められ、随所に尊重されて使われている。それらを個別に見ても魅力的な形姿である。これら矢跡のある石は①海に近い石切場から運搬中に、あるいは作業中に海に落ち、②海波にもまれ、石と石でぶつかり合い丸みを帯び、あるいはえぐれて、③大波で海岸に打ち上げられ、④庭石として運び出された、と見られ水辺に縁のある石である。

神奈川県小田原市の根府川海岸、真鶴町の真鶴岬で矢跡のある安山岩の転石、**静岡県下田市**の海岸で矢跡のある凝灰岩の転石、つまり江戸城の築城石の石切場から出た石を著者は幾つも見ている。矢跡のある凝灰岩は海路、南伊豆方面から運ばれたのであろう。矢跡のある石は加工した石が風化しつつあるさま、人工と自然の対比を愛でる庭石である。

浅草寺は徳川家の江戸入府以前からの古刹とはいえ、徳川家が上野に創建した菩提寺、寛永寺の支配下にあった。伝法院には寛永寺門主・輪王寺宮(りんのうじのみや)

図36　浅草寺伝法院庭園 (2018)

が来られた。歴代の輪王寺宮は皇族が関東に下向し、幕府が庇護した東叡山寛永寺と日光山（輪王寺、二荒山神社、東照宮）の門主を兼ね、時に比叡山延暦寺の天台座主も兼ね、仏教界の最高位にあった。1685（貞享2）年、幕府は輪王寺宮が浅草寺門主を兼ねることとし、別当代を伝法院に置く。輪王寺宮は伝法院に隠居する習わしに。江戸時代の伝法院庭園は貴人を迎えるのにふさわしく造られ、そこに矢跡のある石は選ばれているのである。大

図36-2　伝法院庭園　矢跡のあるえぐれた凝灰岩の庭石（中央）（2018）

図36-3　伝法院庭園　池畔の矢跡のある庭石（画面左下）（2018）

都市・江戸の建設の時代を反映した庭石の形姿といえようか。

関東大震災後、1930（昭和5）年の川端康成の小説「浅草紅団」は震災復興期の浅草とそこに暮らす人々を活写したが、次のような一節がある。『伝法院境内の小堀遠州作の名園、弓子も地震の時に逃げこんだところだが、「へえ、あれが名園なの？」と、こうだ。』

現在の浅草寺は聖観音宗の寺院。伝法院は期間限定公開。

図36-4　小田原市　根府川海岸　安山岩の岩壁に矢跡（画面左）（2018）

図36-5　下田市　須崎歩道　海岸の矢跡のある転石（画面下）（2016）

37 浅草寺伝法院庭園 海蝕のある石による枯滝石組
台東区浅草2

池の北西端の築山に枯(かれ)滝石組がある。浅草寺境内は隅田川西岸の平坦地で、江戸時代には近くに田んぼがあり池の水源はあっても、池より高く滝に水を引くことなどできなかったから、池には水、滝は枯山水という折衷的な技法になった。対岸の正面からは、枯滝石組はどっしりした不等辺三角形の構図で、個々の石はほぼ直立して端正に見える。3段の枯滝である。しかし枯滝石組を側面の池畔から見ると、いくつもの石が前傾して突き出すように組まれ、荒々しい。しかも突き出ている石は、えぐれたような海蝕を見せており、石組に水のイメージを強調しつつ、変化に富んでいる。

海石で真水の流れる滝を表現しているのである。石はほとんど安山岩で、**小田原・伊豆方面の海岸**の石と見られる。この枯滝を築造するのに、えぐれたような海蝕という条件で選別し、石材の品質を管理をしたのであろう。

伝法院の枯滝石組は、名古屋城二の丸庭園・南庭の枯山水の滝石組によく似ている。名古屋城の枯滝石組は色調のそろった青石（緑色片岩）を用い、海蝕のある青石が多い。伝法院のえぐれたような海蝕のある安山岩は、青石に勝るとも劣らない庭石と評価されたのであろう。それは江戸の造園における適材の発見だったはず。江戸に下向された輪王寺宮は、伝法院で京都に無い暗色の海石の枯滝に驚いたのではあるまいか。

図37　浅草寺伝法院庭園・枯滝（正面）（2018）

図37-２　浅草寺伝法院庭園・枯滝（側面）(2018)

図37-３　小田原市　根府川海岸　えぐれた転石（中央）(2018)

38 浅草寺伝法院庭園　天祐庵露地
台東区浅草2

浅草寺伝法院庭園の北側、池を見晴らせる小高い場所に茶室と露地がある。「天祐庵」は天明年間（1781～89年）に名古屋の茶人が表千家の不審庵を写した茶室。切妻屋根、3畳台目（3畳+小さな畳）、にじり口は東面する。天祐庵には南面する広間が付け加えられている。この名席は東京で流転の後、1958（昭和33）年、伝法院に実業家・五島慶太と浅草婦人会により奉納された。

図38　浅草寺伝法院庭園
天祐庵露地（2018）

腰掛待合からにじり口に至る飛石は暗灰色の安山岩を主体にしている。腰掛待合の敷石は、正客の腰掛ける足元に明色でほぼ円形の花崗岩、ほかの客の足元は細長い板状の粗野な花崗岩を手前に、暗色の小さな安山岩を奥に敷き詰め、きめ細かく美しい。露地は伝法院に移って狭まり、新たに調達した石材による創作と見られ、周辺部に海石を据える。

五島は茶の美術品を収集したが、鉄道事業でも浅草との縁は浅くはない。浅草寺は空襲で焼失した本堂を1958年に鉄筋コンクリート造で再建した。

図38-2　浅草寺伝法院庭園　天祐庵露地　腰掛待合（2018）

浅草神社境内
被官稲荷神社の黒ぼく石山
台東区浅草2

39

神仏習合だった浅草寺の三社権現（現・浅草神社）境内に、1855（安政2）年、新門辰五郎という町人が小さな流造で杉皮葺きの稲荷社を奉納した。被官稲荷神社という。その稲荷社は、黒ぼく石（玄武岩）を積んだ小山（現状は目地モルタルで固めている）の上にある。いわば山上の神社のミニチュアだから、箱庭の山を見るつもりになると、良さや面白さが伝わってくる。野面石を整然と積んだ小山の上に小祠を建てる型もあったが、被官稲荷神社の黒ぼく石の小山は平面的にも立面的にも変化に富んだ形で、左側には小さな根府川石（安山岩）の『奉納』の碑もある。この小山の黒ぼく石はごつごつした山石がほとんどだが、一部になめらかな形の海石も混ぜている。東京には稲荷社の数は多く、その黒ぼく石山も各所に見られる。新門辰五郎はさまざまな文芸に描かれてきた。辰五郎は幕末から明治初年にかけての町火消・侠客で、浅草寺本坊・伝法院の新しい門の門番であった。また辰五郎の娘は最後の将軍・徳川慶喜のそば近くに仕え、辰五郎は子分を率いて、慶喜の行く先々で警護によく働いた。

図39　被官稲荷神社　覆屋の中の社殿と黒ぼく石山（2017）

40 浅草神社境内　狛犬の台座の海石
台東区浅草 2

浅草神社は江戸時代には三社権現と称し、神仏習合の浅草寺と一体の境内であった。3代将軍徳川家光が寄進した権現造りの社殿（重文）に向かい、左手に手水舎、その手前の境内最大の狛犬一対は配置、高さ、大きさのバランスがよく境内の景を引き締める。狛犬は暗灰色の安山岩製。狛犬の台座は四角四面の切石積みが多いのだが、この台座は野面石を組み合わせ、変化に富んだ岩山のように見える。形・色・テクスチャーの異なる石を使い、塊状の石（安山岩と玄武岩）を寄せ、その上に板状の石（凝灰岩）を載せている。板状といっても厚さは不均一で、海蝕がことに鮮やかな石である。狛犬は海岸の岩山に座すかのよう。社殿に向かい左の狛犬の台座は側面から見ると、下の塊状の石と上の板状の石の接する部分はわずか。切石を積めばよほど安定的に造れる。石積みの一種になるだろうが、似たものは思い浮かばない。狛犬は社殿に向かい右が田町の文三郎、左が山川町の大工虎五郎により奉献された。町人二人の名は狛犬の台座の石の正面に大きく刻まれて目立ち、なんと屈託のないことかと思う。こうした狛犬を三社権現が受け入れて今日まで伝えるあたり、町人の町、浅草らしい。右の狛犬の台座正面には小さく『天保七丙申三月』（1836年）の年号が、背面には小さく『象潟町　大岩』と刻まれ、石屋の名か。象潟町の名は現在、浅草に含まれ消えてしまった。浅草寺の本尊の観音菩薩像を、網ですくい上げたとされる三人の漁師を祀ったのが三社権現で、神紋は高く干した三枚の網、浅草の郷土の神様である。漁師の崇敬も篤かった。三社祭の神輿はかつて大川（隅田川）で船渡御をしていた。狛犬の台座に海石を使い、海にゆかりの神様と視覚的に伝えようとするかのよう。

図40　下田市　大浦・和歌浦遊歩道　海岸の凝灰岩の転石（2016）

隅田川の浅草あたりは汽水域で干満があるが、浅草に近い河床に、狛犬の台座のような大石は無い。台座の凝灰岩・安山岩・玄武岩は、遠く伊豆方面から運ばれてきた石であろう。**静岡県下田市の大浦・和歌浦遊歩道**沿いの転石(凝灰岩)に狛犬の台座の板状の石のテクスチャーに似たものがあった。浅草神社境内には他に「夫婦狛犬」と昭和の狛犬がある。

図40-２　浅草神社境内　最大の狛犬(手前)と昭和の狛犬(奥)(2017)

図40-３　浅草神社境内　狛犬と台座（2017）

41 浅草神社境内 石の神明鳥居・神社の明治 台東区浅草 2

浅草神社境内に花崗岩製の神明鳥居が立ち、柱に『明治十八年』(1885年)、『氏子中建之』と刻まれ、その奥に3代将軍徳川家光が1649(慶安2)年に寄進した権現造の社殿(重文)が見える。神明鳥居は最上段の笠木も丸太の形、つまり断面が円形で通直である。この鳥居と社殿、実は異色の組み合わせである。浅草寺は江戸時代まで神仏習合で、「江戸名所図会」の浅草寺境内には、三社権現(現浅草神社)のほか小さな神社がいくつもあり、鳥居は明神鳥居(⇒52・54)であった。しかし明治政府は社寺境内地を国有地とし、祭政一致、国家の宗祀を神道にする。神仏分離の政策により浅草寺と三社権現は分離、1868(明治元)年に三社明神社に、1873(明治6)年に浅草神社に改称した。明治政府は皇室の祖先とされる神を祀る伊勢神宮を至高の神社としたが、その社殿の様式が神明造である。明治初期には神社の鳥居は神明鳥居がよしとされたようで、東京で新設の鳥居は神明鳥居が多く、靖国神社も神明鳥居。浅草神社は近代の社格制度で郷社だった。1873年の太政官布達により浅草寺・浅草神社の境内一帯は浅草公園とされ、東京府の管轄に。近代日本の公園のはじまりであった。ちなみに同時に誕生した深川公園は、富岡八幡宮(祭神・応神天皇)の別当・永代寺を神仏分離で廃寺にした(後に再興)。太平洋戦争後、浅草公園は廃止。

図41　浅草神社　神明鳥居と社殿(2017)

42 浅草神社境内 初の玉垣は戦後・歌舞伎役者の名 台東区浅草2

神社が石の玉垣に囲まれている景色はいま珍しくない。しかし浅草神社に花崗岩製の玉垣が造られたのは、太平洋戦争後の1955～1958（昭和30～33）年。玉垣の柱・梁の断面は正方形。玉垣の基壇の表面はこぶ出し仕上げ。

玉垣の柱の外側に『公園町会』、『仲見世』など地区別に奉納者・氏子の商店名と個人名がずらりと彫り込まれている。公園町会とは浅草公園時代の名残だが、太平洋戦争後の政教分離で、浅草公園は1951（昭和26）年に廃止された。江戸時代の浅草寺は神仏習合で浅草寺と三社権現（現・浅草神社）は一体だったから、神社境内の外周の垣は無く、明治初年に社寺境内地が国有地になり、神仏分離政策により浅草寺と浅草神社が分離しても神社に外周の垣は無かった。

鳥居をくぐって玉垣の内側、左右の端の柱に歌舞伎役者の名が刻まれている。社殿側から見て左に『中村吉右衛門』、右に『市川猿之助』、内側に刻まれた名はそれだけ。初代・吉右衛門（1886～1954）と2代・猿之助（初代・猿翁、1888～1963）は共に浅草に生まれ育ち、戦後すぐ中村吉右衛門劇団と市川猿之助劇団は合同大歌舞伎を東劇で興行していた。

浅草は、劇場・作者・役者など歌舞伎にゆかりの深い土地である。

図42　浅草神社の玉垣（2017）

43 待乳山聖天　石段の手摺の浮彫 台東区浅草7

待乳山聖天（まつちやましょうでん）・本龍院は浅草寺の北東、隅田公園（西岸）の西にある。待乳山聖天は元禄時代の地図に『金龍山』と記され、天台宗の流れを汲む聖観音宗だが、神仏習合的な信仰がいまも生きている。川畔に小高い待乳山、麓に山谷堀と今戸橋がある風景は、江戸時代から浮世絵や「隅田川続俤（ごにちのおもかげ）」（法界坊）など歌舞伎の舞台背景に描かれてきた。

待乳山聖天の境内はおおむね三段の平坦地に造成されている。参拝には石段を上る。石段は安山岩の切石を積んでいるが、石段の両側の手摺は花崗岩で造られている。最下段の石段は、手摺の柱の頭部を斜めに切り取ったように加工している。鉤の手に折れ本堂へ向かう、その上の石段の手摺は、二股の大根（夫婦和合）と巾着（商売繁盛）を鮮やかに浮き彫りにしている。この寺の参拝者は伝統的に大根を供え物にするが、こうした聖天の現世利益のシンボルを石造物にしてしまうあたり、いかにも近代の寺院境内である。高欄に『昭和十三年』（1938年）と刻まれている。中国風の石橋の高欄に浮彫の彫刻を施した例はあったが、石段の手摺では珍しい。

1888（明治21）年の東京市区改正条例にもとづき制定されて以来、「待乳山公園」でもあったが、太平洋戦争後、公園は廃止。明治の待乳山聖天には木造の隅田川の見晴らし台があった

図43　待乳山聖天　石段の手摺に二股の大根と巾着（2017）

待乳山聖天　寺号標の台座の海石　44
台東区浅草7

隅田公園（西岸）の西側に道路を挟んで待乳山聖天（まつちやましょうでん）の境内がある。T字路の交差点の角、聖天の築地塀の門の右に、1978（昭和53）年建立の標石がある。「待乳山聖天」と寺号を彫り込んだ標石は花崗岩の四角柱、台座は野面石である。四角柱の標石の台座は直方体の切石を使うことが多いが、野面石を用いたものも時々ある。

待乳山聖天の寺号標石の台座は凝灰岩の海石で、海蝕により層理の縞模様が明瞭で、それを横にして見せている。日本庭園の池に似合いそうな石である。**静岡県下田市**の海岸には層理の鮮やかな凝灰岩の転石が見られる。

昔は隅田川の畔にひときわ高かった待乳山も、防潮堤が高くなり、山谷堀が埋め立てられ、周囲のビルが高層化し、隅田川の水と視覚的に切り離されてしまった。隅田川の水質は、1967（昭和42）年の公害対策基本法制定で工場排水を浄化して川に流すようになり、改善が始まっていたのだが。待乳山聖天の寺号標石の台座の海石は、聖天と隅田川さらにはその先の海とのつながりを、象徴的に示すかのように見える。寺号標石の台座の石というピンポイントにも、大きな意味を付与できる。浅草神社の狛犬の台座（⇒40）といい、浅草っ子の海石への嗜好は相当なものだと思う。

図44　待乳山聖天の標石
台座は海石（2017）

図44-2　下田市　凝灰岩の転石
大浦・和歌浦遊歩道（2016）

45 山谷堀公園 枯流れと根府川石・江戸の堀の面影 台東区浅草７

江戸時代に山谷堀は音無川（北区）を水源とし、田んぼの中を三ノ輪から吉原を経て待乳山の麓で隅田川に注いでいた。猪牙船（ちょきぶね）が隅田川から山谷堀を吉原まで客を運んだ。近現代の都市化による地盤沈下のため堀にコンクリート護岸が立ち上がり、水は汚れてドブ川に。浅草山谷（この地名はもう無い）地区は高度経済成長期に日雇い労働者向け宿泊所のドヤ街になり、漫画「あしたのジョー」（高森朝雄・ちばてつや作、1968〜1973年）の町のモデルにもなった。山谷堀公園は、1976（昭和51）〜1986（昭和61）年に堀を暗渠化、埋め立て造成した距離の長い公園で、日本堤署の近くから隅田公園（西岸）に至る。園内に桜並木がある。

園内でも隅田公園に近い区域は根府川石（安山岩）を多用し、使い方が上手である。旧護岸の高低に合わせ、中央に暗灰色の安山岩の切石の２列の通直な縁石を設け、その間に起伏のある根府川石の石張りとそれを横断する根府川石の飛石。これが広い枯（かれ）流れに見える。端部に細い枯流れを造り、護岸は根府川石で統一。水遊びのできる親水施設の造りながら、管理上の問題からか水を流していないが、水が無くても鑑賞に堪える。

根府川石はさまざまなサイズが採れる（⇒６）が、ここでは中くらいの幅広の石、細長い石を使い分けている。台東区立公園。

図45　山谷堀公園　枯流れの根府川石（2018）

隅田公園（西岸）　石の門柱の銀杏面
台東区浅草７

46

隅田公園の台東区側は1931（昭和６）年の開園当初から陸上競技場など運動施設が計画されていた。現在、台東区立公園。震災復興当時のまま残っている公園の外柵がある。基礎と背の高い間柱は粗い仕上げの安山岩製。梁とその下の束は安山岩に似せた鉄筋コンクリートの擬石で、表層に石粒をモルタルで付着している。擬石は部分的に剥落が見られる。擬石と擬木は当時の公園に流行りの材料であった。外柵の柱・梁はほぼ正方形の断面である。外柵の間に入口があり、一対の門柱は安山岩を加工して四段に積み、柱の四方のコーナーと頭部は面取りされている。コーナー部分はいちど直角に凹、途中から円弧の凸にする「銀杏面（ぎんなんめん）」の面取りである。隅田公園の南西に1931年開業の松屋百貨店浅草店、つまり東武伊勢崎線浅草駅のビルがあり、開業時の外観を近年復元した。ネオ・ルネサンス様式、アールデコ建築とされるその外壁のコーナー部分も銀杏面。

図46　松屋百貨店浅草店　外壁コーナー部分に銀杏面（2017）

図46-２　隅田公園（西岸）の外柵　安山岩製の門柱の銀杏面（2017）

47 隅田公園（西岸）ひな壇の木曽石の石積み 台東区浅草7

1965～1967（昭和40～42）に台東区側の防潮堤が高くされ、隅田公園は川への視界をさえぎられた。隅田公園は、堤防に沿ってひな壇状に敷地を改造し、堤上の散歩も容易になり見晴らしを回復した。言問橋の上流の区域は、ひな壇の土留めの木曽石（花崗斑岩）の石積みが出色の出来栄えである。木曽石は淡い茶褐色の野面石だが、節理による平坦面を持つ石を、形状寸法をそろえている。選別に多大の労力を要したはず。石積みの天端と前面の線がきれいに出ており、目地の線も気持ちが良い。木曽石は恵那山麓、岐阜県中津川市産の山石で（⇒84）、産量豊富、昭和40年代から東京の公共造園に大量に利用され、隅田公園改修にも両岸で使われた。

隅田公園は関東大震災復興期の平面プランが、基本的に現在も踏襲されているが、開園時の隅田川西岸の護岸は内陸側と同じ高さであった。1930（昭和5）年に荒川放水路（現・荒川本流）が完成し隅田川は氾濫の心配が無いと考えられたが、工業化が進んだ隅田川沿いは地下水くみ上げで地盤沈下が激しく、隅田川は太平洋戦争後に豪雨でたびたび氾濫した。

隅田公園（西岸）の言問橋上流の辺りは戦後、バタヤつまり廃品を回収して生活する貧しい人たちの集落「アリの町」になっていた。1960（昭和35）年にアリの町は臨海埋立地に移り、公園の戦後復興はその後であった。

図47　隅田公園（西岸）木曽石の石積み（2017）

隅田公園（西岸）旧今戸橋・高欄の親柱と袖壁 台東区今戸1

48

永井荷風の小説「すみだ川」（1909（明治42）年）より。『山谷堀から今戸橋の向に開ける隅田川の景色を見ると、どうしても暫く立止まらずにはいられなくなった。河の面は悲しく灰色に光っていて、冬の日の終わりを急がす水蒸気は対岸の堤をおぼろに霞めている。』浮世絵や文芸の数々に描かれ明治中頃まで木橋だった今戸橋は、たびたび架け代えられ、関東大震災後にコンクリート橋に。西から隅田川に注ぐ山谷堀が埋め立てられ、堀に架かる今戸橋も撤去され、堀の南北の隅田公園も地続きになった。

1926（大正15）年築造の今戸橋は、東側の高欄の一部と石造の親柱が、1987（昭和62）年に隅田公園（西岸）の入口に保存された。親柱の石材は花崗岩、概略の形状は四角柱を面取りした八角柱で3段積みである。親柱の断面の八角形の内角は135°になるが、親柱から高欄に至る袖壁も内角135°で折れており、袖壁も花崗岩製で3部材からなる。親柱と高欄の配置は、公園入口として工夫されている。親柱の灯具が残されて入口の照明灯を兼ね、レトロな雰囲気はある。旧今戸橋の高欄は原位置保存に近い。

隅田公園（西岸）は旧今戸橋のあたりで広く、プール・野球場など運動施設が多い。関東大震災の復興期に、荒川放水路の完成で隅田川は氾濫の心配はないと過信され、埋め立てにより川幅を狭めて公園が造成された。

図48　隅田公園（西岸）　旧今戸橋の高欄の親柱と袖壁（2017）

49 隅田公園　入口３施設のアール
台東区浅草７・墨田区向島１，２

1931（昭和６）年に開園した隅田公園は長大で、堤防、街路、橋と共に総合的に計画された（⇒裏見返し）。ゆえに入口も多数ある。その中で開園時の形態を残す入口の石造施設は、コーナー部分の平面形に共通してアールを付けて（円の半径の表示rに由来し、丸みを付けて）いる。

言問橋の西岸橋詰の袖壁（浅草７）：言問橋の隅田川西岸橋詰の北側は、花崗岩の切石積みの袖壁と花崗岩製の尖った石柱を鋼管でつないだ柵を、橋の高欄の花崗岩製の親柱に取り付けている。袖壁と柵のすぐ内側が隅田公園である。つまり袖壁は公園の入口を示す施設でもある。袖壁の平面形はアールを付け、３段の石積みだが、最下段だけ幅が広い。アールに加工した石材を用い、芸が細かい。西岸橋詰の南側にも同様の袖壁がある。

ところで、北側の袖壁は、最上段、最下段の石材の一部が不自然に欠け、全体が黒ずんでいる。1945（昭和20）年３月10日の東京大空襲の火を浴びた跡であろう。花崗岩は造岩鉱物の石英・雲母・長石の結晶が大きく、熱膨張率が異なるので猛火でぼろぼろになる。

隅田公園（東岸）の石段（向島２）：帝都復興事業で1928（昭和３）年に竣功した言問橋の東岸を北へ、つまり隅田川上流へ向かうと、隅田公園は堤防沿いの緑道の趣である。今の堤防は公園開園時よりもかさ上げされている。『新しい隅田公園は、そこから長命寺まで、現代風にいうならば、商科大学の艇庫に突き当たるまで、ボオト・レエスのコオスを河岸に沿うた、アスファルトの散歩道だ。昭和の向島堤だ。』（川端康成「浅草紅団」）その向島２のあたり、向島堤の東側、つまり市街地側に石段がいくつかあり、公園の入口である。石段は安山岩の切石を積む。石段両側の縁は安山岩製の笠石があり、縁は石段下の両側にアールを付けて伸びている。ただし石段下のアール付きの縁、笠石下の低い壁はコンクリート造で壁の下部の幅は広い。骨材に天然の砂利を使ったコンクリートである。

牛嶋神社東参道の玉垣（向島１）：言問橋東岸の南側に牛嶋神社がある。河畔にあった牛嶋神社（祭神：須佐之男（すさのお）・天之穂日（あめのほひ）・貞辰（さだとき）親王）（⇒50・52）は、関東大震災で被災し、隅田公園（東岸）のプロムナード建設に伴い、公園の一角に引っ越した。1932（昭和７）年竣功の牛嶋神社は東京大空襲で被災しなかった。牛嶋神社の東参道つまり向島側の街路に面した入口の両側に一対の石灯籠と玉垣（花崗岩）がある。通常、神社の玉垣のコーナー部分の平面は直角に折れているが、この玉垣のコーナー部分はアールが付いている。隅田公園の一部として計画された名残である。玉垣下の基礎部分は安山岩製で幅が広い。著者はこの玉垣は近代の公園神社を象徴する施設と考えている。

図49　言問橋の西橋詰北側の袖壁　コーナー部にアール（2017）

図49-２　隅田公園（東岸）の石段　両側下部にアール（2017）

図49-３　牛嶋神社東参道の玉垣　両側コーナー部にアール（2017）

50　隅田公園（東岸）　墨堤の常夜灯
墨田区向島5

隅田川の東岸の堤防、墨堤の上に1871（明治4）年築造の安山岩製の常夜灯が立つ。「江戸名所図会」に描かれた牛嶋神社（⇒49・52）の旧境内地がこの辺り、常夜灯は神社への坂道の入口にあった。1878（明治11）年の地図では葛飾郡須嵜村、墨堤にはまだ江戸の風情が濃厚に残り、東側には農村風景が広がっていた。下から、切石積み・基壇・常夜灯という構成だが、改修により、石積みは当初より低く、基壇は1段増え、常夜灯の火袋は交換されている。現在は火袋に照明器具が備えられることもある。常夜灯の脚部は立面が逆U字型で、表面が磨かれ、細身で軽快な趣がある。常夜灯の頂部の宝珠には牛嶋神社の神紋が3方向に浮き彫りにされている。基壇の最上段には『本所総鎮守』と陽刻され、奉納した氏子の名をぎっしり刻んだ段もあるが、石材の色がやや異なり、改修時に追加されたようである。常夜灯が1929（昭和4）年に牛嶋神社により修築されたのは、関東大震災で倒壊したためであろう。防潮堤が高くされたのは、墨田区側が1961～1966（昭和36～41）年、常夜灯は今、その堤上にある。墨田区立となった隅田公園（東岸）は、常夜灯を大切に活かしている。

図50　隅田公園（東岸）の常夜灯（2018）

隅田公園（東岸）プロムナードの名残の街渠　墨田区向島5

51

関東大震災後の1931（昭和6）年開園の隅田公園は、国の帝都復興事業により隅田川の東岸・西岸に避難場所を兼ねて計画され、東岸に桜並木とアスファルト舗装の近代的プロムナードが造成された。アスファルト舗装がまだ一般の街路にも普及していない時代である。

隅田公園（東岸）の北端に少年野球場があるが、墨堤通が東に折れた街路を挟み南側に、帝都復興事業による開園時の街渠が一部残っている。

「震災復興事業誌建築篇・公園篇」の『並木道路』に『縁石境界石は共に筑波産花崗岩を用ひ、側溝面には煉瓦型「クリンカー」を設けた。』とある。筑波産花崗岩とは茨城県の稲田みかげであろう。カラフルな舗装材が無い時代、街路・園路は縁石や側溝でおしゃれをした。花崗岩の縁石に挟まれたＬ形側溝の流水面の材料は煉瓦に似せたクリンカータイルである。このデザインは横浜港に臨む山下公園内の側溝によく似ている。横浜市もまた震災で壊滅し､山下公園は帝都復興事業による臨海公園であった。

開園時の隅田公園は社寺と一体だった。「江戸名所図会」の『大川』（隅田川）の畔の名所（⇒表見返し）の復興も含めた壮大な計画であり、「帝都復興事業大観」に公園平面図がある（⇒裏見返し）。明治から太平洋戦争敗戦まで、社寺境内地は国有地だったから、そうした計画が可能だった。

図51　山下公園の側溝（1988）

図51-2　隅田公園外周の街渠（2018）

52 牛嶋神社境内 公園に開く参道の石鳥居と社号標石 墨田区向島１

牛嶋神社の社殿は南面し、南が表参道、それに直交して東西の参道がある。向島側の東参道だけ公道に接し、表参道と西参道は樹影濃い隅田公園内に開いている。

西参道の『牛島神社』の社号標石は暗灰色の井内石（粘板岩）製（⇒61）、明神鳥居は明色の花崗岩製で、西の隅田川に向く。

鳥居には『文久二年』（1862年）と彫り込まれている。「江戸名所図会」に描かれた牛嶋神社の鳥居と同じ様式だが、図会刊行後のもの。

社号標石は『昭和五年』（1930年）と彫り込まれ、台座は上段が丸みを帯びて茶褐色、下段が直方体で白色、共にコンクリート造、石粒を張り付けた擬石である。どうもこの時代には、自然石とコンクリート造の擬石を組み合わせた施設が、技術者の間で流行ったようである（⇒46・91）。

図52　牛嶋神社　西参道
石鳥居と社号標石（2018）

図52-２　牛嶋神社　井内石の標石
擬石の台座（2017）

長命寺境内　芭蕉の句碑　墨田区向島5

53

長命寺は「江戸名所図会」に描かれ、墨堤に隣接する天台宗の寺院である（⇒表見返し）。現在は幼稚園を併設、やや窮屈にも見える境内に、江戸時代以来の石碑が多い。松尾芭蕉の句碑がある。

〈いざさらば　雪見にころぶ　所まで〉

さあそれでは雪見に出かけよう、積もった雪に足をとられて転んでしまうまで雪の中を歩こうよ。芭蕉の1687（貞享4）年の句。江戸は現代よりも雪が多く、長命寺は雪の名所でもあった。句碑はこの境内に住んだ俳人・三世自在庵祇徳が1858（安政5）年に建立。

芭蕉句碑は重厚な板状で、川石と見られ、表面は水に磨かれてまろやか。正面からは石が右に傾く形をしており、書も右から左に流れるようで、句の『ころぶ』という語に響き合うかのよう。句・書・石が混然一体になった碑の造形といえよう。碑の裏面、由来を彫った平坦な肌が鉄錆色で、根府川石（安山岩）の特徴を示す。こんな形姿の石をよく探したものである。石碑を建てれば新たな景が創られ、碑文により場所に意味が付与される。

寛永年間、遊猟に立ち寄った徳川将軍が飲み命名した「長命水」の井戸水が境内にあり、それが寺号でもある。

図53　長命寺境内　芭蕉句碑
背景は弘福寺（2018）

図53- 2　長命寺境内　芭蕉句碑
裏面（2018）

54 三囲神社の石鳥居と玉垣 墨田区向島 2

隅田公園（東岸）の内陸側斜面の下に花崗岩製の明神鳥居が立つ。三囲（みめぐり）神社の1862（文久 2 ）年建立という鳥居で西側の隅田川に向いている。鳥居からの石畳の参道は現在閉ざされ、境内南東に表参道がある。隅田川東岸の本所と深川が1713（正徳 3 ）年に江戸に編入され、北十間川以南は市街地、以北はほぼ農村で墨堤沿いに長命寺、牛御前宮（現・牛嶋神社）、弘福寺、三囲神社があった（⇒表見返し）。「江戸名所図会」に隅田川を屋根船で三囲神社に至り、堤防を越え鳥居をくぐる人々が描かれていた。

鳥居の最上段の反りのある水平部材、笠木・島木は中央で石材を継いでいる。二段目の水平部材、貫に劣化が見られ金具で補強している。

鳥居の奥、参道の門の左右、石積みの上に石造の玉垣がある。凝灰岩の石積みで、表面は一部風化し剥落しているが、『御門左右玉垣修復三井本店普請方』『文久三年』（1863年）と刻まれている。

図54　三囲神社の石鳥居（2017）

図54-２　三囲神社の門と玉垣（2017）

三囲神社境内　石碑群・其角の句碑
墨田区向島２

55

三囲神社（祭神：宇迦御魂（うがのみたま））はお稲荷さん、元来農業神である。明治時代まで三囲神社の周囲は田んぼであった。その境内の摂社の稲荷社に赤い鳥居が幾重にも立て並べられている。石碑もまた境内に所狭しと建立されている。石碑は俳句関係のものが多い。南東側参道脇の宝井其角の句碑は海蝕のある凝灰岩である。句碑の前石も海蝕のある石。この碑は1777（安永６）年に建立されたものが摩滅し1873（明治６）年に再建された。

〈夕立や田を見めぐりの神ならば〉

其角は江戸に生まれ育ち、若くして松尾芭蕉に師事、其角一門は江戸俳諧の大きな勢力になった。「江戸名所図会」に石碑群は描かれていない。其角ゆかりの神社・名所として、その後俳句に関わる石碑の奉納が増えたのであろう。社殿の西側の石碑群の中に細長い青石（緑色片岩）の美しい、1835（天保６）年建立の其角の句碑がある。

〈山吹も柳の糸のはらみ哉〉

「明治東京名所図会」の三囲神社は近代の社格制度で村社、その境内の石碑群の位置は現状と違っていたが、三井など崇敬者たち、俳人たちの価値観と情熱が、大川端の名所に赤い鳥居や石碑を重ねる景を創り出した。

図55　三囲神社　其角の句碑
凝灰岩製（2018）

図55-２　三囲神社　其角の句碑
緑色片岩製（2018）

56 三囲神社境内　御手洗の石の構成
墨田区向島２

三囲神社の御手洗(みたらし)は手水舎の中にあり、手水鉢は直方体に近い暗灰色の安山岩の躯体に丸い水鉢を穿っている。手水鉢の表面は粗いノミ切り仕上げで重厚な印象。丸い水鉢の縁の向こう側にざらざらした黒ぼく石（玄武岩）で小さな山を造っている。水鉢の水とその向こうの黒ぼく石の小さな山だけ注目して、いわば虫眼鏡で見るような気持で見ると、広い水面の向こうに山がそびえているようにも見えてくる。

手水鉢の前石として短冊形で粗い表面の暗灰色の安山岩を据えている。両者は大小のバランスがよく、テクスチャーも似て、よく調和している。

さらにその手前に滑らかで大きな青石（緑色片岩）の川石らしい野面石を敷いている。青石は手水鉢より幅広で、手水舎の大きさに対峙している。青石の敷石は手水舎の屋根の外にあり濡れたときは呆れるほど美しい。青石の大材を使えるのは奉納者の経済力の反映である。

この御手洗の石の構成は石材のサイズ、テクスチャー、色彩に変化があり、面白い。

図56　三囲神社境内　御手洗　手前に滑らかで大きな青石（2018）

横網町公園　東京空襲犠牲者を追悼し平和を祈念する碑

57

墨田区横網 2

扇形の花壇が碑面であり、花は命を表すという。横網町公園の「東京空襲犠牲者を追悼し平和を祈念する碑」である。2001（平成13）年に築造された。平面形は正円で、中心部を沈床式の円形の小さな池にし、池へ同心円状に降りる石段と、池から広い扇形にせり上る斜面の花壇とで立体的な構成にした。碑の躯体を白い花崗岩の切石で統一、積む、敷くなどして組み合わせ、積んだ切石の表面は粗く、凹凸があり、躯体に陰影が出来る。

太平洋戦争末期の1945（昭和20）年３月10日の東京大空襲など、米軍が繰り返した空襲､焼夷弾の猛火により東京で10万人もの方々が亡くなられた。殉難者は都内の各公園に仮埋葬され、戦後改葬された。

太平洋戦争末期・敗戦直後の東京都民の日常生活と日本語ローマ字化の危機を巡る小説、井上ひさし作「東京セブンローズ」に『罹災死體處理は公園緑地課の仕事なんだよ。』というセリフがあるが、史実である。

横網町公園は関東大震災のとき空地だった被服廠跡地で、震災でこの空地に避難していた人々を大火が襲い、最大の焼死者を出した。園内の東京都慰霊堂は関東大震災に遭難された５万８千人の方々のご遺骨を納めるため、1930（昭和５）年に竣工。後に東京大空襲などにより殉難された方々も合わせ、現在約16万３千人のご遺骨を安置する。都立公園。

図57　横網町公園　東京空襲犠牲者を追悼し平和を祈念する碑（2018）

58 清澄庭園　華やかな磯渡り
江東区清澄３

清澄庭園は、岩崎家が三菱社員のために築造し1880（明治13）年開園した深川親睦園に始まる。開園後も造園は進められた。かつては潮入りの池であった。経済力を反映し、庭石は大きく種類が豊富。関東大震災後1924（大正13）年に岩崎家から東京市に寄付された。都立公園。庭石の数々に名札がある。池の北側、大正記念館に近く、池畔に沿うように水上の飛石「磯渡り」があり、大きく平坦な各種の野面石をリズミカルに配している。青石（緑色片岩）、花崗岩、安山岩と、色彩・テクスチャーの異なる石を組み合わせて華やかである。対岸の涼亭は日露戦争後の1909（明治42）年に竣工。深川は明治時代にも江戸の風情があった。永井荷風の小説「深川の唄」（1908（明治41）年）より。『幾艘の早舟は櫓の音を揃え、碇泊した荷船の間をば声を掛け合い、静かな潮に従って流れて行く。水にうつる人々の衣服や玩具や提灯の色、それをば諸車止と高札打ったる朽ちた木の橋から欄干に凭れて眺め送る心地の如何に絵画的であったろう。』

図58　清澄庭園磯渡り　手前から緑色片岩、花崗岩、奥に安山岩（2018）

清澄庭園　「松島」の雪見灯籠の辺り　江東区清澄３

59

池の島の一つ「松島」は、庭の北部の大正記念館から見て右手方向にある。松島の護岸は全体としては、丸味を帯びつやややかで色鮮やかな石を集めて豪華な印象。松島の北側の池畔に四脚の雪見灯籠（花崗岩）がある。

その雪見灯籠の左に、ぎざぎざにえぐれたような形姿の大石（安山岩）が据えられている。灯籠の足元にもえぐれたような形の石（安山岩）がある。雪見灯籠そのものは定型的な形だが、添えられた大石の形姿が荒々しく、異彩を放ち、雪見灯籠の辺りは見どころの一つになっている。灯籠の火袋に灯をともした時代、この大石は灯影にどのように見えただろう。

この池はもと潮入りで、汽水域の魚が泳いでいた。庭園の南にある仙台堀川は隅田川に通じていたが、その水を庭に引き込んでいたのである。えぐれたような形姿の大石は、ワンポイントで磯の荒々しさを想起させる。

明治時代には門前仲町の南は越中島の練兵場、すぐ海であった。深川には木場の貯木場の水面や堀割が縦横にあり、富岡八幡・深川不動のある深川公園（当時）は堀に囲まれていた。清澄庭園にも潮風は届いたであろう。

歌舞伎「名月八幡祭」（池田大伍・脚本）が1918（大正７）年に初演され今や古典であるが、江戸の深川の風情が濃密で、舞台装置の堀と船が重要な役割を果たす。木場の景色は大正末の関東大震災まで変わらなかった。

図59　清澄庭園　松島の雪見灯籠の辺り（2018）

60 清澄庭園　水掘れの保津川石の手水鉢
江東区清澄3

建築家ジョサイア・コンドルの著書“Landscape Gardening in Japan”(1912（明治45）年）は日本各地の庭園を写真豊富に紹介・解説し、当時まだ新しい清澄庭園も取り上げたが、その写真のままに残っているのが、水掘れの手水鉢周辺である。手水鉢の周囲は飛石など、起伏のある露地（茶庭）の構成だが、茶室は残っていない。手水鉢は大正記念館の東側にあるが、庭園創建時には大正記念館よりも広壮な日本建築があった。

水掘れの手水鉢は京都産の保津川石（チャート）である。江戸初期には京都の地誌「雍州府志」に『嵯峨大堰川庭石』として見えている。保津川は**京都市右京区**の嵯峨の嵐山より上流で大堰川と呼ばれる。「毛吹草」にも嵯峨に『庭石』と記載された。保津峡には中古生層のチャートが豊富に見られるが、その転石が川の水に磨かれて表面に光沢がある。

近代日本は鉄道網が整備され、内陸の京都盆地周辺の庭石も鉄道貨車輸送により東京や大阪に出荷される。「京都銘石」と言われた。

保津川石の中でも形姿が変化に富み、そのまま手水鉢になる希少な大石である。川石を水の施設に使っている。ただしこの手水鉢が京都で好まれたかどうかは、疑問である。著者は京都の庭をかなり見てきたが、こんな形姿の庭石は知らない。海蝕でえぐれたような形姿の庭石（⇒8）をよしとした、東京ならではの好みというべきであろう。そしてその石にＪ．コンドルも関心を寄せたのである。

保津川石を採取したであろう**保津峡**の川原を著者が歩いた当時、すでに庭石にふさわしいサイズの転石はほとんど見当たらなかった。京都盆地を流れる川という川の転石は、まだ環境や景観に対する社会の関心の乏しかった昭和30年代までにほぼ採り尽くされ、庭石、京都銘石として市場に出回った。それでも保津峡の川原を歩けば、庭に使われているチャートと同質の小ぶりの転石を豊富に見ることはできる。

図60　清澄庭園　水掘れのチャートの手水鉢（2018）

図60-２　京都市　保津峡のチャートの露頭と転石（1982）

61 清澄庭園　井内石の橋
江東区清澄３

この石橋は宮城県石巻市産の井内石（粘板岩）の大材２枚を、長手方向に互いにずらして架け、渡る方向から見て面白さがある。暗灰色の井内石はいかにも重厚で、よくもこんな大石を運んで庭池に架けたものだ、と思わずにいられない。ただ石橋を側面から見ると剛直すぎて美しいとは言い難い。石の割肌にインパクトがある。板状節理のある粘板岩なので、石切場で板状に割り採れるが、この石橋は割り採った形と表面をほぼそのまま使っている。特に形を整えたり、磨いたりしていないが、２枚の石が接する部分だけは加工の跡がある。

庭の北部、陸と島の間に低く、見下ろされるように架けられた石橋である。２枚の大石を中央で支える橋脚の石の高さに自ずと制約があるから、橋の水面からのあき高は小さくなる。

橋の南側のたもと、島の護岸の石組には海蝕のある石が集められている。この石橋の東側は陰影の深い「長瀞峡」の構成になっている。

東京の庭の石橋は、板石を架ける場合、平面形の面白さ本位のものが多いようである。京都の庭の板石の橋は、野面石であれ加工石であれ、側面がすっきりと美しいものが多いのだが。東京は庭の広さに対応するため、より長大な板石が必要で、分厚い石材が選ばれた結果であろう。

宮城県石巻市に産する井内石は暗灰色の粘板岩で産出量が多く、大材が採れ、碑石（⇒52）として全国に需要があった。対外戦争の行われた時代には、戦没者を顕彰する忠魂碑が各地に建てられたが、その多くは井内石製であった。宮城県の地元では、神社の鳥居に井内石が使われており、石鳥居は暗灰色である。石巻市内では農地の素朴な石橋にも使われている。井内石は集散地の名から仙台石とも呼ばれる。

三菱は海運事業も行っていたから、清澄庭園に使う石を全国各地から集めるのは容易なことで、井内石はそのうちの一つであった。清澄庭園では船着場の石としても使われている。

この庭の池は関東大震災の大火から多くの地元住民の命を救ったが、庭のたてものは被災した。震災後の1924（大正13）年に岩崎家から東京市に寄付されたのは元の庭園で被害の少なかった東側半分だけであり、西側にはＪ．コンドル設計の西洋館があったが焼失していた。1932（昭和７）年に東京市の公園として開園。半分になった庭園、と言われなければわからない、東京市の造園技術者による見事な再生であった。太平洋戦争末期1945（昭和20）年の東京大空襲の猛火から、再びこの池は多くの住民の命を救っている。

図61　清澄庭園　井内石の橋（2018）

図61-2　石巻市　陸前稲井駅前　井内石の工場と背後の石切場跡（2006）

62 清澄庭園 「長瀞峡」の石組 江東区清澄3

庭の北側、陸と島の間に峡谷のようにしつらえられた「長瀞峡」は、暗灰色の安山岩を集めて築造されている。海蝕の鮮やかに見える石が数多く使われている。いくつかの枯滝石組（⇒18）があり、峡谷に沿って幾条もの滝水が落ちているかのような（枯滝ゆえ水は無い）構成で、造形的にも優れている。ところどころに水面へ前傾するかのように組まれた石が景色の迫力を増している。

長瀞峡の東側の入口に相当する場所の左右に枯滝石組があり、右側の枯滝の主石は背が高く、安山岩としては園内最大級、怪異な形姿で存在感がある。全体的に明るい印象の清澄庭園にあって、長瀞峡は日が射し込まず、暗灰色の石のみ使い、陰影の深い区域になっている。

長瀞峡の北側の園地が高く造成されているため、峡谷の造形が可能になっている。深川親睦園時代には北側に広壮な日本建築があった。現在、清澄庭園北側の街路沿いに、一段高い土留めコンクリート壁がある。

建築基盤の園地を高く造成した理由の一つは、深川は江戸時代から高潮による水害が繰り返されたためであろう。江戸幕府は1699（元禄12）年に洲崎波除石垣土手を造成したが、1791（寛政3）年の高潮はそれをはるかに越えていた。1960年代になってようやく防潮堤と水門が完備する。

図62　清澄庭園　長瀞峡（画面右が北側）（2018）

亀戸天神社境内 池畔の藤棚と石組護岸 江東区亀戸3

63

藤花で知られる亀戸天神社（祭神：菅原道真）の池は現在、平面形はおよそ四角形に近く、水際がほぼ石組、社殿前の水際は切石積みである。

寛文年間に鎮座した亀戸天神社の境内は「江戸名所図会」に『宰府天満宮』として描かれ、池と中島と橋があり、池の平面はほぼ四角形、四周は石積み護岸、二つの中島の一つは石積み護岸、もう一つは石組であった。

現在、鳥居から社殿に向かい楕円形の中島が二つあり、それを二つの太鼓橋を含む三つの赤い橋がつないでいる。「江戸名所図会」に描かれたのは太鼓橋一つを含む三つの橋だった。三つの橋は太平洋戦争後、コンクリートで再建され、現在は三つの橋と直角方向に八つ橋風のスラブ橋が架かる。この池は全景を見通しにくいほど藤棚が広く池畔を囲む。「江戸名所図会」の池畔の藤棚は現在ほど多くない。

池の外周や中島の水際は、小ぶりの野面石だけの石組護岸で、仰々しさがない。小ぶりな石を使った造園は手作り感が伝わり、親近感がわく。石は苔が付いて石質がわかりにくいが、丸味を帯び海蝕のある安山岩あるいは凝灰岩とざらざらした黒ぼく石（玄武岩）のテクスチャーの特徴を示すものが多い。江戸以来のなじみの入手しやすい石材を選んだようである。池と石組は、昭和戦前の改修によりほぼ現状になったと見られる。

図63　亀戸天神社　池畔の石組　多数のカメがいる（2018）

64 亀戸天神社境内 石垣と碑文・紀元2,600年と宣戦
江東区亀戸3

石垣といっても亀戸天神社境内の西端、横十間川に向く参道脇に、装飾的に付加された小規模なものである。平坦な境内に一部が残ったかのように築かれた石垣で、神社の伝統的施設ではない。石垣は凝灰岩の切石を使い、石材のごく一部に風化が始まっている。ほとんどの石材の見え掛かりは粗面だが、三つの石に彫刻・碑文がある。そのうち一つの石は縁取りして磨いた面に文字を刻んでいる。それは皇紀2,600年（註：日本神話の初代天皇、実在を疑われる神武天皇の即位から数えた。西暦1940（昭和15）年。）を記念し、氏子が亀戸天神社の境内を奉仕により修築、そのさ中、昭和天皇より大東亜戦争開戦、米英両国に対する宣戦の詔勅が発せられ『恐懼感激』し、『臣民』としての『報国』の決意を記している。『昭和十七年』(1942)の、いわば記念碑である。この碑文は国家神道と軍国主義が結びついた時代を反映している。亀戸天神社は1936（昭和11）年の改称、明治初年の社号は亀戸神社、社格制度で東京府社。

1940年という年の話。都市計画法が改正され、緑地が都市計画施設になり、東京は環状緑地計画、国庫補助による防空緑地計画を実現し、戦時に緑地の事業は拡大した。1942年、東京農業大学は東京高等造園学校を合併して専門部造園科とし、その後身が地域環境科学部造園科学科である。

図64　亀戸天神社境内の石垣　右に池の太鼓橋（2017）

亀戸浅間神社と亀戸浅間公園富士塚の保存と再生 江東区亀戸9

65

亀戸のこの辺りは古くは海辺、江戸時代には田んぼで、直線的な運河に船が通っていたが、1960年代には工業地帯であった。現在はマンションが多い。神社の社殿の北側、やや離れた場所にミニ富士山。境内と公園を仕切るフェンスを抜けると、江東区の文化財「亀戸富士塚」である。新たなミニ富士山は公園の一段高い古い起伏上にあり、以前そこには亀戸浅間神社（祭神：木花咲耶姫（このはなさくやひめ））の社殿があったが、1998（平成10）年に都の防災再開発事業で移動した。現在の亀戸富士塚は、塚の起伏上の社殿跡を土の広場に整備し、のり面に残る富士塚のしつらえ、黒ぼく石（玄武岩）、根府川石（安山岩）の碑、眷属の申（さる）の石像（安山岩製）を柵で囲み、保存する。石積みの黒ぼく石は富士山の石を使うが、石の表面はざらざらでも角が取れてやや丸みを帯びており、沢石（⇒余話）であろう。

ミニ富士山は、山頂の雪は白い花崗岩、山体は灰色の安山岩で表現し、黒い花崗岩の名板を添え、裾を玄武岩塊で囲み、外柵を巡らせた。本物の富士山に花崗岩は無いが。現代の東京では富士講も衰退し、浅間信仰の源をわかりやすく伝えるには、この亀戸富士塚の整備は一つの再生の形。

図65　亀戸浅間公園の亀戸富士塚　のり面（2017）

図65-2　亀戸浅間公園の亀戸富士塚の上から亀戸浅間神社（2017）

66 葛西神社境内　大水害翌年の富士塚
葛飾区東金町6

葛西神社は主祭神が経津主（ふつぬし）（千葉県の香取神宮の祭神）、江戸川西岸の広い境内の社殿の裏手に小型の富士塚がある。塚は「富士社」と称し『冨士大神』を祀り、1911（明治44）年2月竣功、1964（昭和39）年に改築。

富士登山同行者47名が登山記念のため種々の『自然石』を『購ひ集め』築いたと「葛西神社誌」は伝える。富士塚は富士山の石を使うが、この塚を構成する石は丸みを帯びた石が多い。灰色で小さく丸っこい安山岩はもとより、暗い灰色で凹凸のある玄武岩も角が取れている。富士山の川石（沢石）であろう（⇒余話）。丸みのある石だけでは富士山の険しさ、きりりとした姿を表現しきれないとみえて、『冨士大神』と彫った山頂の石をはじめ、随所に小ぶりの根府川石（安山岩）を立てている。登拝する石段にも根府川石を使う。根府川石は箱根火山に由来する石（⇒6）である。

1910（明治43）年に関東地方を豪雨が襲い、利根川水系、荒川水系、多摩川水系も氾濫して大水害となり、当時の南葛飾郡も浸水した。近代都市・東京も被害甚大で、政府は1911年に荒川放水路の開削事業に着手し、1930（昭和5）年に完成。富士山に登り、大水害の翌年に富士塚を築いた人々の祈りは何だったのか。山梨県の北口本宮冨士浅間神社の由緒には、祭神の木花咲耶姫（このはなさくやひめ）は安産・防火そして水徳の神とされている。

図66　葛西神社　富士塚（2017）

67 清水谷公園
大久保利通哀悼碑と小渓谷風石組
千代田区紀尾井町

大久保利通は薩摩藩出身、維新の三傑の一人とされる。1878（明治11）年に馬車に乗った内務卿・大久保利通が暗殺された紀尾井坂の変。紀尾井町通は南北の谷戸地形の底を通るが、東側に大きな「贈右大臣大久保公哀悼碑」が1888（明治21）年にでき、周囲の崖地と傾斜地が後に清水谷公園になった。「江戸名所図会」に清水坂あるいは清水谷と記載されている。

公園の解説板に『石碑は緑泥片岩、台座は硬砂岩と思われ』とある。緑泥片岩は緑色片岩ともいう。石碑は形と龍の線刻が中国風、碑の裏面の碑文は『明治十七年』(1884)。石碑本体は正面が長方形で無光沢に研磨されているが、追悼文のある裏面は上端が割れて尖った形、側面の一部も割肌を見せて片岩の層理が鮮やかである。石碑と台座は、平面形が八角形の花崗岩製の基壇の上にある。外柵も八角形で花崗岩を用い、細部の意匠は西洋風で門扉がある。

1888（明治21）年に東京市区改正条例公布、これに基づき翌年清水谷公園など49公園が計画され（「旧設計」と呼ばれる）、1889（明治22）年に告示。1890（明治23）年に石碑を建立した関係者から土地が寄付され同年開園。

図67　清水谷公園　贈右大臣大久保公哀悼碑（2017）

清水谷公園は都心にあって樹影濃く、池があり、昔は清水が涌いていたという。1886（明治19）年の地図を見ると池は描かれておらず、池は公園造成に際して掘られたか。

池に注ぐはずの流れは現在水が無いが、日本庭園の技法で小渓谷風に石を組み、反りのある短い石橋を架け、その辺りに開園時の姿を留めるようである。石組は小ぶりの石ばかり、丸みを帯びた安山岩とざらざらした玄武岩が多く、白っぽく見える石は花崗岩。技法は素朴である。流れの底はコンクリートに花崗岩のゴロタ石を埋め込んでいる。石橋は橋桁が安山岩製、高欄が花崗岩風の擬石。全体として箱庭的な印象。

1886年の地図では紀尾井町通の西に伏見宮邸、東に北白川宮邸があったが、太平洋戦争後ホテル等に変わった。維新の英傑・内務卿の哀悼碑がある場所が公園に。いかにも政治色が濃いが、公園用地を新たに確保しており、近代国家建設の途上にできた公園に似つかわしいとも言えよう。

現在、千代田区立公園。池等は改造されている。

図67-2　清水谷公園　小渓谷風の石組と石橋（2017）

日比谷公園の旧見附石垣と心字池
千代田区日比谷公園

68

日比谷公園は東京市の市区改正設計により、1903（明治36）年開園、造園設計は本多静六博士（1866～1952）。初の西洋式公園と言われる。

江戸城の外郭に36か所の見附（みつけ）があって、それぞれ石垣を築き枡形を構えていたが、近代都市東京の建設には余計者で、次々に撤去された。日比谷公園の敷地のほとんどは元練兵場の平坦地で、東の有楽町側に旧日比谷見附の石垣の一部が残っていたが、撤去せずに公園施設にした。石垣の石材の多くが安山岩である。

小なりとはいえ城石垣である。石垣の背後を取り壊したあとの造園的処理は必ずしも上手くないが、前面に日本庭園の伝統の心字池を築造した。つまり元練兵場の平坦地を掘削して池を造り、石垣と池が相互に引き立て合うようにした。石垣はさすがに風格があり園内でひときわ高く、石垣上の緑陰にベンチが並んでいる。石垣上からは直下の心字池を俯瞰し、その向こうに第一花壇、霞が関方面の見晴らしがよい。心字池の畔のほとんどは安山岩の玉石護岸である。

日比谷公園は和洋併置と言ってもよい。日比谷公園の石垣は既存のものを使ったが、東京の中央公園・日比谷公園の影響力は大きく、公園等に新たに石垣を設けるデザインは現在まで各地に続いている。都立公園。

図68　日比谷公園の石垣と心字池（2018）

69 日比谷公園の玉石利用
千代田区日比谷公園

日比谷公園には大小の玉石の利用が実に多い。玉石がよく目立つのは池の畔だが、そちらは大きな玉石である。小さな玉石をコンクリートに張って使っている施設も、西洋式の公園内をきめ細かく、なじみのある景に仕上げる役割を果たしている。その二つの事例。

玉石張り側溝：日比谷公園内の園路には西洋の街路築造の技術を使っている。広い幹線園路は開園時には馬車も通ったようだが、その側溝は花崗岩の切石を使った皿形側溝。しかし狭い園路の側溝は、流水面に玉石をコンクリートで張り、縁石も玉石、断面がL字形のL形側溝（⇒92）である。玉石のサイズをそろえ、それらを綺麗な曲線に見えるように園路の縁に並べ、流水面に張る。日本庭園の縁石や延段の施工技術の延長上にあり、職人の手間のかかる和洋折衷の技術といえる。

ヨーロッパの庭園の側溝は切石を使い、玉石など使わない。園路に降った雨水を集めて速やかに流す機能面のみを考えれば、コンクリート造の側溝の表面を鏝（こて）で平坦に仕上げればよい話である。

玉石張り側溝のある園路は、現在アスファルト舗装だが、開園時は豆砂利敷きであった。玉石張り側溝は無彩色の園路の両端に、いわばおしゃれをし、きめ細かく仕上げている。

図69　日比谷公園　玉石張り側溝　中央上は元・水飲み場（2018）

旧公園管理事務所：1910（明治43）年に完成した、おしゃれな外観の旧公園管理事務所が園内北側にある。いまや都心に貴重な木造のレトロな雰囲気が見直され、テナントを入れて、結婚披露のガーデン・パーティーの会場として華やかに活用されている。

このたてものはドイツの山小屋風というが、１階の壁はコンクリートに玉石を埋め込んでいる。本場ドイツの山小屋なら、そこは切石積みのはず。窓の開口部は石造アーチになるべき部分で、石材と石材がかみ合っていなければならないが、玉石ではかみあうはずもない。しかし、コンクリート造の壁が玉石によって野趣のある仕上がりにはなっている。石積み風にコンクリートで固めてまで、玉石を使うのはいかにも日本的で、日本庭園の技法の影響を受けた和洋折衷の公園建築といえる。著者はこの壁の玉石を見るたびに、可笑しさと愛しさが込み上げてくる。

このたてものは関東大震災に耐え、太平洋戦争の空襲をまぬがれて現在まで残り、地味な管理事務所から、カップルの人生の門出を祝う場所に。

日比谷公園が開園以来、平面プランの骨格が変わらず、古い施設を数多く残しているのは、本多静六の設計が優れていた証ではあるが、周囲の街の性格が開園時と基本的に変わっていないせいでもあろう。

図69-２　日比谷公園　旧公園管理事務所（2018）

70 日比谷公園 野外音楽堂の周囲の大谷石積み 千代田区日比谷公園

日比谷公園の南西部、霞が関側に野外音楽堂があり、その周囲に大きく曲線を描く低い３段の切石積みがあり、その上は植栽されている。切石は大谷石（軽石凝灰岩）で、植栽のアイビーが下がっているのも似合う。

野外音楽堂はコンサートのチケットのある人しか入れないし、コンサートの無いときは閉じられているから、その存在を園内になじませるためにも、周囲の造園的処理は入念でなくてはならなかった。

1923（大正12）年、初代の野外音楽堂完成。明治の開園時すでに小音楽堂は公園の中央にあったが、新たに大音楽堂ができた。現在の野外音楽堂は初代から改修されたが、その周囲の石積みは初代のまま。初代野外音楽堂の切石積みは、公園の東隣りで建設中だったフランク・ロイド・ライト設計の帝国ホテルの建築石材・大谷石の余りをもらい受けて築造した。帝国ホテルは大谷石を装飾的に細密に加工して使っていた。帝国ホテルは関東大震災に耐え、大谷石は一躍有名になり、野外音楽堂も震災に残った。

明治に開業した帝国ホテルは何代も建て替えられてきたが、ライト設計のたてものは現在、博物館・明治村（愛知県犬山市）に移築されている。

夏の夜に野外音楽堂でコンサートが開催されるときには、浴衣姿の若い女性たちも多く訪れ、公園内に屋台店も出てお祭りのような雰囲気になる。

図70　日比谷公園　野外音楽堂の周囲の大谷石積み（2017）

栃木県宇都宮市大谷町の大谷石は、軟石で加工しやすく耐火性に優れ、地元では古くから土蔵の建材として、また竈(かまど)にも用いられていた。火山灰や砂礫が海中に堆積してできた層から採石され、地下深くまで採掘されてきた。首都圏で住宅、門塀、石積みの建材として広く普及し、大量に出荷された。都内の古い住宅地に、やわらかな風合いの大谷石の門塀や石積みは視覚的になじみ、落ち着きを与えている。

大谷石は軟石であり、風化しやすい。大谷石の需要は減ったが、石切場跡に大谷資料館があり、地下の採石場跡を見学できる。

工芸材料としての大谷石の話。東京農業大学世田谷キャンパス正門前、馬事公苑けやき広場で以前、夏休みの時期になると児童たちの石彫教室が開催され、大谷石の小さな石塊を彫刻する音が響いていた。

図70-２　宇都宮市　大谷石の石切場跡（1994）

71 小石川後楽園「愛宕坂」とのり面の玉石 文京区後楽1

小石川後楽園の石段「愛宕坂」の直登する坂は現在立ち入り禁止にされているほど狭くて急である。石段の切石（安山岩）はノミ切り仕上げである。石段に向かって左ののり面は安山岩の玉石で覆われている。玉石ののり面の裾を緩く左に上る石段が別に造られ、石段は切石だが縁取りは野面石で、女坂に相当する造りか。東京の庭園・公園には玉石を池や流れの畔に使った例（⇒1・23・33）が少なくないが、小石川後楽園の池畔は切石積みが主体で、玉石は使っていない。玉石は水辺で採れた石、それを庭の急なのり面を被うように使った例はあまり見ない。しかし石段と玉石で覆ったのり面のテクスチャーの対比が絶妙で、肉厚のレリーフのようにも見えてくる。玉石は無造作に見えるが、よく見ると崩れ石積みに近い積み方をしている。突き出して見える薄い丸みを帯びた石は根入れが深いであろう。石段の右下に突き出るかのような石組は、坂の険しさを強調し、海蝕と矢跡の鮮やかな安山岩の海石が使われ、その向かい側には青石が配され、変化に富む石の形が庭景に利いている。この場所に限らず、小石川後楽園は造形本位の庭なのであろう。17世紀に築造された水戸徳川家の屋敷の庭だったが、明治に陸軍の砲兵工廠（工場）の中に残り、工廠の王子への移転後、1938（昭和13）年に東京市の公園として開園。

図71　小石川後楽園　愛宕坂とのり面の玉石（2016）

六義園　大泉水の臥龍石
文京区本駒込6

72

「中の島」西側の水面に野面石が低く斜めに突き出している。「臥龍石(がりゅう)」という名が付いており、六義園八十八境の一つ。『龍の伏したることくにて水に入たる様に見えたる石なり。』とある。瀬戸みかげ（花崗岩）と見られ、柳沢吉保の時代の絵図にも描かれている。臥龍石の名を知れば、この大石が水面から鼻先を出した龍の頭に見えてくる。大泉水は吉保の時代は千川上水（玉川上水の分水）を引き、真水ながら海を表現している。日本の漁港には龍神を祀る神社が現在も多数あり、龍は海に棲むのである。

京都の東福寺龍吟庵に昭和の枯山水があり、龍の頭・角・胴体・尻尾がいくつもの石で表現されている。それに比べても六義園は石一つを龍に見立てる。表現方法としてはケチである。しかし省略や抽象化により、単純で些細なモノやコトで大きな表現をするという手法は日本の芸術のさまざまな分野に見られる。とはいえ天下の柳沢吉保と岩崎彌太郎の庭にして、この臥龍石、と著者は可笑しく、この石が大好きである。

ちなみに六義園の池の千川上水が示すように、江戸の水道はまずは武家屋敷に、余りが町人の住む町に引かれた。居住地の高低差からも、そうなる。六義園の辺りは明治時代初めまで東京市街の北端で、その北はソメイヨシノの作出で知られる植木の里、駒込村（現・豊島区）であった。

図72　六義園　臥龍石（画面中央）　背景に吹上茶屋（2018）

73 六義園　中の島の石組と玉笹
文京区本駒込6

六義園は古い和歌を基調に、園内が構成されている。紀州の和歌の浦や紀の川の景を写している。起伏のある地形、水際が曲線の大泉水、流れ、そして老樹によって柔らかく陰影に富む大庭園である。しかし石組に関して言えば、整いすぎて雰囲気が硬い。柔らかな大庭園を整然とした石組が引き締めているという見方もできよう。六義園は、5代将軍綱吉に側用人として仕え、大老に准じた柳沢吉保（川越藩主）の築いた池泉回遊式庭園。1702（元禄15）年に完成。かつて庭園の南東側に敷地が続き、広壮な屋敷が展開していた。大泉水の「中の島」にはすばらしい形姿の石がそろっている。中心にあるひときわ背の高い青石（緑色片岩）は「玉笹」という。背後の築山は和歌の浦の名所にちなみ妹背山といい、鎌倉時代の公卿・藤原信實の歌、〈いもせ山なかにおひたる玉笹のひとよの隔てさもぞ露けき〉に想を得て『妹と背の山の中に有る石』なので玉笹とした。吉保はそれらを六義園の八十八境に撰んでいる。

玉笹を中心とする石組は華麗だが、この歌のようなやわらかな情感は薄い。玉笹は美しいが威圧感がある。中の島の、というより六義園の守護石である。緑色片岩の片は板きれという意味で、板状節理があり薄い形状になりやすい。それが玉笹は青石に珍しく円柱状で滑らかな形をしており、色彩もテクスチャーも美しい。紀州青石の川石であろう。近くで見ると石全体が淡い灰緑色、表面には絹糸のような繊細な線が見える。頂部が尖った円柱状の青石の形姿は笹の葉を連想させる。玉笹は単独で鑑賞に耐える石で、ほかの石と組み合わせるのは難しいほど形姿が整っている。大泉水の南岸から見ると、玉笹は一段高い場所に立ち、その下の基壇に相当する場所の土留めを兼ねて石が配され、水際にも石が据えられている。それらの石がいずれも特徴のある形姿をしている。いくつかの石は亀の甲羅のような凹凸の模様のある花崗岩である。つまり異なる産地の石を組み合わせ、石の形姿を活かし適材適所、石を組むというより配しているのだが、歌舞伎にたとえて言えば名優がそろって見得を切っている趣である。これほど個性的な石の数々をよくぞ収まりよく構成したものだと思う。しかし石を見せたい一心の構成で、陰りが無い。

玉笹の背後の妹山・背山の、のり面は小ぶりの黒ぼく石（玄武岩）で覆っており、土留めの役割にしている。

柳沢吉保の孫、3代信鴻（のぶとき）（大和郡山藩主）が六義園に隠居し、1780（安永9）年に妹背山の石組を組み直したという。4代保光（やすみつ）は1809（文化6）年に荒廃した六義園を復旧した。明治初期になって六義園は三菱財閥を築き上げた岩崎彌太郎が所有し修築した。

図73　六義園「玉笹」許可を得て中の島で撮影（1987）

図73-２　六義園　中の島の石組　中央「玉笹」、背後に「妹背山」（2018）

74　六義園　水分石・「紀の川上」の石組
文京区本駒込6

「滝見茶屋」の奥には石組によって「紀の川上」の滝と流れの景を造り出している。その流れは和歌の浦を表す大泉水の南端に注ぐ。現在は井戸水だが、柳沢吉保の時代は千川上水を紀の川上から引き込んでいた。

「水分石（みずわけいし）」。波に洗われた明色の花崗岩の転石に、海蝕により角のように出っ張ったところが三つできた。瀬戸みかげと見られる。その石に滝水を角の間から三つに分ける役割を持たせた。石の表面はやや丸みを帯びており、水のイメージを強調している。水分石に隣接し、滝口を構成する石も明色の花崗岩が使われ、形姿の特徴を活かしている。その上の築山に立つ板状の青石（緑色片岩）３枚の石組は「朝陽岩（あさひのいわお）」と呼ばれる。

これらは吉保時代の六義園八十八境に撰ばれ、六義園の絵図にも描かれ、『朝陽岩（中略）朝陽とは朝日あたりの事なり。朝日もあたる所なれは。』『水分石　水を三つにわけたる石なり。』とある。

「遊歴雑記」（1813（文化10）年）の六義園の記事には、『旭のいはほ　滝の落口にある大石也。青くして両面鏡の如し。』青石を上段に、花崗岩を下段にという配石は「中の島」（⇒73）にも見られる。

江戸時代には朝陽岩のよりも高い位置に亭が設けられ、催しにしばしば使用されていた。現在の滝見茶屋は明治に岩崎家が築造した茶屋の再建。この辺り現在は樹林に覆われているが、かつては日の射す場所であった。

滝見茶屋のやや下流にも実に個性的な形姿の花崗岩がいくつも配されている。それらも瀬戸みかげと見られるが、江戸時代の資料に明記されておらず、岩崎家時代のものか。紀の川上・滝見茶屋の辺りは、水分石と共に花崗岩の競演の趣がある。

六義園は中の島の石組といい、形姿のよいまたは珍しい石を集め、それらに役割を与えてきちんと見せないと気が済まない、たいへんな愛石家の庭である。

参考までの話。六義園の水分石と形姿の似た石が、**神奈川県小田原市の根府川海岸**にあった。こちらは玄武岩なのだが、水分石の花崗岩といい、火成岩の転石には海岸で波に洗われ、えぐれて、角が数本出たような形姿になる石も稀にはあると実感させられた。庭石の産地を海岸と知る作庭者なら、角が出たような形姿の石に水を分ける役割を持たせるのは、自然な発想だったかも知れない。

図74　六義園　中央下に「水分石」(花崗岩)、中央上に「朝陽岩」(2018)

図74-２　参考：小田原市根府川海岸　中央に「水分石」に似た玄武岩

75　六義園　大泉水の蓬莱島
文京区本駒込6

海蝕のある茶褐色の火成岩を組んで構成された岩島である。円月型の孔の開いている島に、小さな松が植栽されている。神仙が住むという蓬莱島の造形である。菱川師宣の「餘景作り庭の圖」に孔の開いた大石がくり返し描かれ、こんな庭石があったらよいと考えられていたらしい。しかし六義園のこの岩島は、吉保時代の六義園八十八境にも絵図にも無く、1878（明治11）年に岩崎彌太郎の所有になってからの創作と見られる。

蓬莱島の辺りに使われている石は、六義園内の他の場所の庭石よりも小ぶりである。海蝕があり表面の粗い火成岩を用いたことが、岩島を陰影に富む自然なものに見せ、大泉水によく溶け込ませている。

南側池畔の石灯籠から小ぶりの海蝕のある凝灰岩をいくつも池中に配して、蓬莱島までつないでいるのも巧みである。

岩崎家時代には園内に佐渡の赤玉石などが加えられ、数々の茶屋も整備された。岩崎久弥と弥之助は日清戦争後の1896（明治29）年に、経済発展の功により男爵に叙せられたが、岩崎家の創業した三菱財閥は軍需産業にも深く関わっている。日露戦争後、1905（明治38）年に、岩崎家は六義園に連合艦隊司令長官・東郷平八郎ら将兵6千人を招待して戦勝祝賀会を催しており、三菱と軍との深い結びつきを示すエピソードである。

図75　六義園　大泉水の蓬莱島（2018）

六義園
「玉藻の磯」の海蝕のある凝灰岩
文京区本駒込6

76

和歌の浦を表す大泉水の南東岸、「玉藻の磯」とよばれる水際に、海蝕のある茶褐色の丸みを帯びた凝灰岩が、いくつも据えられている。園内でこの形姿の凝灰岩を使っている箇所は、大泉水南東岸の蓬莱島（⇒75）から玉藻の磯にかけてと北岸の渡月橋付近。この辺り明治期に岩崎家が手を加えたらしい。六義園の池の水は当初千川上水（玉川上水の分水）を引き、現在は井戸水を使用しているが、海石で海岸景を象徴的に表わす。

玉藻の磯は吉保が六義園八十八境に撰んだ。鎌倉時代の藤原俊成の歌、〈和歌の浦に千々の玉藻をかきつめて萬代までも君がみむため〉に因む。『心の泉の流れの末なり』とあり、現在失われた流れが大泉水に注ぐところが玉藻の磯で、吉保の時代の絵図類では石組も描かれていた。

凝灰岩は伊豆半島の南にあり、海岸に茶褐色の丸みを帯びた凝灰岩の転石が豊富にある（⇒2）。この庭の凝灰岩もその方面の石であろう。

1937（昭和12）年に日華事変が勃発し、1938（昭和13）年に軍需工業動員法が発動され国民生活に戦時色が濃くなりつつあったころ、六義園は岩崎久弥から東京市に寄付され、公開された。

図76　六義園　「玉藻の磯」の海蝕のある凝灰岩（中央下）（2018）

77 六義園　船着きの青石の矢跡

文京区本駒込6

大泉水の南岸の船着き場が野面の青石（緑色片岩）である。船を浮かべて遊ぶのを前提にした造りである。分厚い板状で平面が細長い台形に近い青石を、池畔に横長に置き、丸味を帯びた明色の凝灰岩を池中に添え、視覚的に落ち着いたものにしている。この青石には石を割ったときの矢（wedge）の跡がいくつもある。著者に産地は特定できないが、たとえば和歌山城の石垣は青石の切石であり、そうした石切場から搬出されるとき海に落ち、丸味を帯びて庭石として見出された石である（⇒36）。矢跡のある青石は庭石としては希少である。矢跡は陸側からは見えにくく、池側つまり船からよく見えるように青石が据えられている。六義園の池の護岸は詰め杭である。庭全体で見れば、船着きの青石を含め庭石は池畔に点在するように配されている。詰め杭の護岸は池の水位が一定に保たれているからこそ役割を果たす。六義園の池の水は当初千川上水を引いていたが、吉保の孫、信鴻が六義園に隠居したときには、千川上水の江戸市中への給水は停止されていたため、池の水位は天候により変化し、一定しなかった。

岩崎家が明治に六義園を所有し、1880（明治13）年には千川上水が通水した。船着きの青石は岩崎家時代のものと考えた方がよさそうである。

図77　六義園　船着きの青石　水面側に矢跡が並ぶ許可を得た場所で撮影（1987）

六義園　近代的「渡月橋」：自然石の桁と擬石の橋脚

78

文京区本駒込 6

大きく長い板状で野面の花崗岩を２枚、渡る方向にずらして架け、橋にしている。野趣に富む石橋である。和歌の浦を表す大泉水北端の石橋は、橋桁が野面の花崗岩製で、橋面は丸みを帯びざらざらして明るい鉄さび色、「渡月橋」という。渡月橋は吉保時代の絵図では板橋、江戸後期の「遊歴雑記」の六義園の記事には土橋とある。吉保は六義園八十八境に撰んだ。〈わかの浦あしべのたづの鳴くこゑに夜わたる月の影ぞさびしき〉という鎌倉時代の後堀河天皇の御製に因み『わたると云詞にて橋に用ゆ』という。

渡月橋の橋桁は２枚が接する部分は加工されているし、側面から見ると、厚さを均一にするためか１枚の下側に明らかにノミ跡が見える。側面は分厚い２枚の板石が剛直な印象だが、大きな野面石に見える中央の橋脚には草も生え、視覚的な硬さを和らげている。

桁を連ねた石橋としては、この渡月橋は水面からのあき高が異例に大きい。２枚の板石を中央で支えている大石に見える橋脚は、水面下まで含めれば六義園屈指のボリュウムだが、コンクリートの擬石である。

花崗岩２枚の橋桁の渡月橋は明治以降、岩崎家時代の築造に違いなく、経済力を反映した大きな石橋が欲しかったのであろう。結果として巧みに自然石とコンクリートの擬石を併用した近代的庭橋である。

図78　六義園　渡月橋　２枚の橋桁は花崗岩、中央の橋脚は擬石（2018）

79 飛鳥山公園 青石の飛鳥山碑と将軍吉宗 北区王子１

隅田川の支流、石神井川を王子の辺りで音無川と呼ぶ。隣接する飛鳥山は、桜・松が植栽され、筑波山も遠望でき、武士・町人が多数訪れる江戸近郊の行楽地であった。「江戸名所図会」にも描かれた「飛鳥山碑」が現存し、丸く扁平な紀州青石（緑色片岩）に漢文が刻まれ、大意は次のとおり。『熊野の神を祀り、あわせて飛鳥の社と三狐神（みけつかみ）を祀る。豊島氏が熊野の神を祀り、それが王子の地名に、飛鳥の社が飛鳥山の名に、熊野に因んで音無川の名になった。熊野の神は春に花を以て祀るといわれ、それが王子の祭になった。飛鳥の社は飛鳥山から熊野の神の境内に遷した。将軍（註：吉宗）が飛鳥山を熊野の神に寄付した。花木数千株を植え、数千人が働いた。春に花を以て祀ること、そのものになった。金輪寺の住職がこの碑を立て、碑文は儒者が書いた。』『元文二』（1737）年と刻まれている。豊島氏が紀州の熊野若（じゃく）一王子（熊野三社の御子神）を勧請して王子権現（現王子神社）に、村を王子村とした。飛鳥の神は、阿須賀神社（和歌山県新宮市）で、新宮川の河口近く小高い丘の裾に鎮座する。王子権現には小さな飛鳥社があった。三狐神（みけつかみ）は王子稲荷を指す。８代将軍吉宗は紀州徳川家の出身、紀州の熊野三山の神を祀る王子権現を崇敬した。1873（明治６）年、飛鳥山は太政官府達により日本最初の公園の一つになり、現在北区立公園。

図79　飛鳥山公園　飛鳥山碑　当初覆屋は無かった（2018）

80 飛鳥山公園
日露戦争の記念碑と石の腰掛
北区王子１

『明治三十七八年戰役紀念碑』と彫り込まれた日露戦争（1904～1905年）の記念碑。1906（明治39）年に飛鳥山公園で当時の北豊島郡の凱旋軍人歓迎会が開催され、この石碑が建立された。表の文字は海軍大将・有栖川宮威仁（ありすがわのみやたけひと）親王（⇒28）の揮毫、裏面に郡内出征軍人と発起人の姓名が刻まれている。この時の歓迎会はお祭りのようで、戦没者の招魂祭は仏教式だったという。秩父青石（緑色片岩）と見られる巨大な碑石である。緑色片岩には板状節理があり、板状に割り採りやすいが、割肌をそのまま見せ、台座は海蝕のある凝灰岩の大石で、碑石の下部を組み込む。全体としてやや粗野な趣がある。近代の王子は軍事施設が多い「軍都」であった。

飛鳥山公園には直方体の安山岩の古い腰掛が、北東側崖地上の園路脇にいくつも並んでいる。側面に横木のための四角い穴が刻まれており、何かの柵の石柱だったと考えられている。この石材が腰掛として据えられた年代も不明だが、腰掛の形状寸法もそろい、四角い穴が模様になり、リサイクル利用として出色である。明治時代的な石の腰掛として見ておく。

図80　飛鳥山公園　石の腰掛（2018）

図80-２　飛鳥山公園　日露戦争の碑（2018）

81 飛鳥山公園：旧渋沢庭園 無心庵露地（戦災遺構） 北区西ヶ原2

日本の近代経済社会の基礎を築くのに貢献した渋沢栄一（1840〜1931）の旧邸の一部が、飛鳥山公園の南東部に「旧渋沢庭園」として編入され、現飛鳥山公園の三分の一の面積に相当する。渋沢は飛鳥山に広壮な邸、曖依村荘（あいいそんそう）を構え、1899（明治32）年築造の入母屋の茶室「無心庵」があった。軍の施設や工場の多かった王子町は1932（昭和7）年東京市に合併、王子区になったが、太平洋戦争末期1945（昭和20）年4月の空襲で市街は炎上し、渋沢邸も被災した。旧渋沢庭園に無心庵の礎石や、露地（茶庭）の壊れた石灯籠、蹲踞、飛石、延段などが残る。草の枯れた冬から早春に見やすく、見ごたえがある。露地の遺構は戦災をも伝えている。

待合からの飛石：茶会の客は待合（まちあい）から茶室に向かうが、その間をつなぐ飛石。全体に小ぶりの石を選び、暗灰色の安山岩のほか、京都産の鉄錆色の鞍馬石（花崗閃緑岩）、京都産の欠けてはがれたようなテクスチャーで暗紫色の貴船紫（輝緑凝灰岩）も混ぜ、変化に富む。京都産の庭石は鉄道貨車輸送により東京にも出荷され、京都銘石としてブランドを確立していた。

蹲踞：茶室への席入りに際し、蹲踞（つくばい）の水を使う。手水鉢は大きな鞍馬石（⇒26）で、粘土を丸めてひねり箆（へら）の跡を残したかのような形は、楽茶碗のイメージにも通じる。前石は大きな三日月形の鞍馬石で、一部を加工した石と見られるが、手水鉢を包み込むかのようである。前石にしゃがむと手水鉢まで、柄杓がぎりぎり届きそうである。古写真を見ると手水鉢の左右の役石の湯桶石・手燭石と、手水鉢と前石の間を掘り下げた「海」と呼ばれる部分の景色は見どころだったようだが、現状は土に埋まり、石の位置が動いているか、失われたかのようである。しかしこの蹲踞は大きな三日月形の前石が何か雄大な気分にしてくれる。蹲踞の背後の起伏の右手に青石（緑色片岩）を据え、色彩的に地味な蹲踞に華やかさを添えている。

茶室の沓脱石：茶室無心庵の沓脱石は苔むしているが、その手前の二番石は鞍馬石、三番石は淡い緑色の美しい貴船よもぎ（輝緑凝灰岩）を使う。

青石の延段：丸い井筒のそばに延段がある。秩父青石（緑色片岩）の板石で統一し、延段の平面形は折れ曲がっている。板石は割肌を活かして、あまり加工していないが、青石の色調のために華やかである。独創的な青石の使い方である。石井筒の周囲には玉石をいくつか添え、近くに白い条線の多い丸みのある青石が一つ据えられている。

凝灰岩の庭石：茶室からやや離れ少し上った場所、露地の周辺部に海蝕のある凝灰岩（⇒2）の庭石が据えられている。明るい茶褐色の庭石は目を引く存在である。

露地の石は全体的に華奢な趣で、京都の銘石や青石も取り混ぜ、色彩感と華やかさがある。江守奈比古「茶室」(1965（昭和40）年) によれば無心庵の設計は益田克徳。写真に残る無心庵は四畳半台目、そして広間もあり明るく華やかであった。近藤正一「名園五十種」(1910（明治43）年) によれば渋沢邸の作庭は鈴木華村。渋沢栄一本人は数寄者（すきもの）ではなかったが、伊藤博文と徳川慶喜の対面した無心庵が、戦災で失われたのは惜しい。

図81　旧渋沢庭園　待合からの飛石　手前から貴船紫、鞍馬石（2018）

図81-2　旧渋沢庭園　無心庵の蹲踞　手水鉢と前石は鞍馬石（2017）

図81-3　旧渋沢庭園　沓脱石、中央に鞍馬石、右に貴船よもぎ（2018）

図81-4　旧渋沢庭園　無心庵露地の青石の延段（2018）

図81-5　旧渋沢庭園　無心庵露地の凝灰岩の庭石（2018）

鞍馬石（花崗閃緑岩）、貴船石（輝緑凝灰岩）の産地は**京都市左京区**の鞍馬山の近くである。鞍馬石は鞍馬寺の門前で江戸時代から、貴船石は明治以降に流通した。著者が訪れた当時、鞍馬石は鞍馬本町の**天ヶ岳**付近の山中で採掘されていた。山石である。花崗閃緑岩の岩体の地表近くの層は風化し塊状になる。鞍馬本町の鞍馬川にも鞍馬石と同質の転石があった。

貴船石は鞍馬貴船町の**貴船川**から採取された川石。中古生層の石で、暗紫色（貴船紫）と暗い蓬色（よもぎ）（貴船よもぎ）がよく知られている。訪れた当時、貴船川の河床に庭石らしいサイズは皆無で小石ばかり。それでも暗紫色や暗い蓬色の小石が見られた。静原にも貴船よもぎと同質の石があった。

図81-6　京都市　鞍馬石採石地（1983）

図81-7　京都市　鞍馬川（1982）

図81-8　京都市　貴船川の転石（1982）

82 飛鳥山公園：旧渋沢庭園 晩香廬のテラスと石段 北区西ヶ原2

旧渋沢庭園の晩香廬（1917（大正6）年）（重文）は洋風の広い茶室で、渋沢は内外の賓客の接客施設として使っていた。

周囲よりやや高く段差を設けた敷地に晩香廬を建て、外観を特色あるものにしている。深い軒内があり、軒内のテラスは矩形に切った鉄平石（安山岩）を張る。テラスの外縁の直線に沿い、ゴロタ石を並べている。テラスに二つの低い石段を設け、淡い鉄さび色で丸みを帯びた花崗岩を積んだ和風の石段（3段と4段）である。和風の石段と入口扉の間、テラス上に丸みを帯びた平坦な石を一つずつ配し、石段と扉の間を視覚的につなぐ。和風の二つの石段は、大中小の石を組み合わせ、意匠を凝らし、大きな石の配置は互い違い、立体的な飛石にも見える。石段の近くは丸みを帯びた石が多いが、石段から離れた場所にはごつごつしたチャートを据えている。石段無しのテラスの入口には小判型に加工した花崗岩の前石を敷いている。その脇に丸みを帯びた海石の安山岩や青石（緑色片岩）を置く。

晩香廬はクリ材の木造ながら、壁の下部にこげ茶色で光沢のあるタイル、屋根に光沢のある鈍い赤色の瓦を使っている。外周に粗面の野面石を使うことで、建物を視覚的に庭に溶け込むようにしている。

図82　旧渋沢庭園　晩香廬の石段（2017）

図82-２　晩香廬のテラス　段差を設ける（2017）

図82-３　旧渋沢庭園　晩香廬全景（2017）

83 飛鳥山公園：旧渋沢庭園 青淵文庫のテラス 北区西ヶ原2

旧渋沢栄一邸の青淵文庫（1925（大正14）年）（重文）は、清爽な趣がある。渋沢の書庫と接客施設を兼ね、芝庭に面している。建築設計は清水組技師長・田辺淳吉。鉄筋コンクリート造2階建、陸屋根、ファサードは、ごく淡い青みのある月出石（安山岩）をビシャン仕上げにして張った外壁、渋沢の家紋をアレンジした柏葉とドングリの模様のあるタイルを列柱に張り、ほぼ左右対称に構成している。月出石は静岡県田方郡産。

建物前面の盛土上のテラスは、ほぼ長方形の平面にシンプルに仕上げられ、主に石で構成されている。テラスの正面左側に6段の小みかげ（花崗岩）の小叩き仕上げの石段があり、建物の入口はファサードの右の奥にある。つまりテラスを左から右に歩いて入口の扉に達する。小みかげは茨城県真壁郡産。テラスの正面左側には小みかげの石柱で手摺を設け、壽の文字をアレンジした鋳鉄の枠を嵌めている。水勾配を付けたテラスの前端には縁石を設け、その内側に石造の側溝がある。テラス面は、砂利の那智黒（粘板岩）を表面に埋め込んだコンクリート平板で舗装。那智黒は和歌山県産で、江戸時代から各地に出荷され、庭園の敷砂利に用いられてきた。

平面が半円形の小御影を小叩き仕上げにしたベンチが建物の入口の右側、テラスの右端にせり出している。八つの扇形を寄せて半円を構成している。

図83　旧渋沢庭園　青淵文庫のテラスの石段（2017）

図83-２　青淵文庫　テラスに那智黒を埋め込み舗装（2017）

図83-３　青淵文庫　テラスの石造ベンチ（2017）

84 飛鳥山公園　滝と噴泉・子供たちの夏
北区西ヶ原2

飛鳥山公園は太平洋戦争中に山の西側を削りグラウンドにし、戦後はそこから近隣の住宅まで砂塵が舞った。北区王子は軍事施設が消え、工場も去り、住宅地に変貌。飛鳥山公園は北区に移管後の1966〜1967（昭和41〜42）年にグラウンド跡を大改修し、洋式の噴水と花壇の広場に、さらに近年、和風のデザインの多目的広場に再開発した。

削り跡ののり面に木曽石（花崗斑岩）を使った石積み・石組を施し、水遊びの滝とじゃぶじゃぶ池を設けた。石積み・石組の木曽石のサイズは子供が登ったりする身体の動作寸法によく合っているようである。石組はいくつか頂を設け景観にも配慮。ただし、石組に登らないで、という制札板もある。木曽石は山石で**岐阜県中津川市**の恵那山の山麓で採れる。淡い茶褐色の表面は水に磨かれておらず、水景を表現する石としては視覚的に限界がある。しかし水遊びの施設に用いる石としては、ざらざらの表面は手足をかけやすく、滑りにくいという長所がある。池底はコンクリートに埋め込んだゴロタ石（花崗岩）も美しく、滑りにくい仕上がり。

のり面の下の広場に伝統的な井筒（⇒30）を巨大化したデザインの噴泉とじゃぶじゃぶ池がある。中央の一段高い円形の噴泉もじゃぶじゃぶ池である。花崗岩の部材の表面を、天端は平坦にざらつかせて歩き易く、側面はこぶ出しを滑らかにして登りやすく仕上げている。池の底はコンクリートにゴロタ石を埋め込む。四季のある公園に巨大な石井筒は疑問符もつけたくなるが、夏に子供たちが大いに遊んでいるところを見れば、言うことなし。事故への注意を促す制札板もあるが、運営している公園管理者に敬意を表したい。また、子供の親の目も行き届いているようである。

JRの線路や道路に挟まれているが、飛鳥山は都市の喧騒を忘れさせる。

図84　飛鳥山公園の噴泉（2017）

図84-2　岐阜県中津川市　木曽石の産地（1978）

図84-3　飛鳥山公園の滝　木曽石を多用（2017）

85 名主の滝公園　多彩な石積みの滝
北区岸町１

男滝・女滝・湧玉の滝、いずれも割れた肌の石を組み、積んでいる。日本庭園の伝統的な滝石組の様式とは異なる築き方で、最大の男滝は落差８m、ほかの滝も落差が大きい。写実的な滝である。名主の滝公園の滝の石組は多量の石材を用い、水が無くても枯滝の岩壁として鑑賞に堪える。

男滝は安山岩で、主に角張った割れた肌の塊状の石を組み合わせ、石が突き出すように、崩れ石積みの積み方に近い積み方である。数段に落ちる滝で、奥行きも高低差もあり、広い布状に落ちる水は豪快で迫力がある。滝の両袖には安山岩の板状の石を組んでいる。

女滝の石材は表面の風化した根府川石（⇒6・21）と見られる、淡い茶褐色の板状の安山岩を立てて積み上げ、特に手前の左右の２石を中心に向けて傾斜させ、全体として合掌の形、ほっそりした岩壁の滝に仕上げている。滝のやや下流には、園内に珍しい丸みを帯びた海石の安山岩を据え、水のイメージを強調する。

湧玉の滝は塊状の安山岩を使い、現状は糸状の小さな滝が向きを交互に変えながら落ちる面白さを見せる。両袖に板状の安山岩を積む。かつてはワイドに落水する滝の景を見せていたようである。

図85　名主の滝公園　女滝（2018）

図85-２　湧玉の滝（2017）

名主の滝公園は王子駅の北西、武蔵野台地と低地の境目にあり、いずれの滝も西側の台地から流れ出している。王子村の名主の畑野家が嘉永年間に開き庶民に開放した滝なので、その名がある。明治中期に貿易商・垣内徳三郎が所有した時代からポンプで水を汲み上げ、水量を豊富にしていた。

図85-3　名主の滝公園　男滝（2018）

86 名主の滝公園　広い流れの石組・再評価されるべき名園
北区岸町1

名主の滝公園の流れの造形に胸を打たれる。ゆるい傾斜で幅の広い流れに、大きな丸みを帯びた安山岩の川石を多量に用い、自然の渓流をよく縮めて写している。流れのなかで配石に疎密がある。滝の近くと岸辺は密、その他は疎。配石は絵画的で詩情がある。多数の大きな石の配置に破たんが無く、随所に造形的な石組がある。

岸辺から見たとき、大きな石は長手が見えるようにしている。流れの上流・下流方向から見たとき、大きな石は幅の狭いところが見える。岸辺から流れの配石を見ると、石が流れの方向を示しているかのように造形的見え、上流・下流方向から流れの配石を見ると、石が流れに点在しているかのように自然なものに見える。上流・下流方向から見たとき、ずんぐりむっくりの大石は背が高く見えるが、石の多くは立てるというより伏せている。京都の龍安寺石庭は方丈の室内から見るよう、石の幅広の面を方丈に向けて配しているが、その石の使い方に近いところがある。広い流れの空間に石を組む、というより配置によって見せている庭である。

岸辺にゴロタ石、ほぼ平坦な水底に玉砂利を敷き詰め、きめ細かい技法である。流れに配した大石とゴロタ石、サイズにギャップがあり、大石の存在が際立つ。それは京都の枯山水の石の使い方に近いもので、大石の数をしぼり、水面（枯山水では白砂敷き）を広く取り、空間を大きく見せている。この流れの石組は水無しでも鑑賞に堪えるであろう。

この庭の中心部分に橋と東屋はあるが、石灯籠が無い。またこの庭は、江戸で用いられてきた青石、黒ぼく石などを使わず、銘石を飾り石風に据えていることもほとんど無い。流れの石組は、おそらく一つの産地の安山岩を大量に取り寄せ、石に関してはほぼモノクロの世界である。

渓谷の美しさへの憧れは日本の絵画や庭園で伝統的なものだが、日本庭園の水景は池を主にして、流れは副次的であった。その点、名主の滝公園は、池もあるが、渓流の水面が過半を占めている。渓流を表現した最良の作品の一つに違いなく、再評価されるべき名園である。

明治中期に垣内徳三郎が所有し、栃木の塩原の風景や箱根の景色を取り入れたという。塩原温泉郷は箒川の渓谷に沿っている。名主の滝の庭は1938（昭和13）年に料理店が買収、大浴場、食堂、プールを設けたが戦災で焼失。戦後、都が土地を買収、橋や東屋などを修理、1960（昭和35）年に都立公園開園。1975（昭和50）年から北区立公園。

図86　名主の滝公園　流れの石組　岸辺から（2018）

図86-2　名主の滝公園　流れの石組　下流方向から（2018）

87 名主の滝公園　角張った石による池畔
北区岸町１

入口の門からすぐ、鬱蒼とした樹林に覆われた池があり、池は丸い形で中島がある。中島も含め、池畔に角張って割れた肌の大きな安山岩をぎっしりと組み、荒々しさがある。いっぽう池中の一隅には列をなして石を浮かぶように配しており、艦隊を連想させる。伝統技法の夜泊石にも似通うが、それにしては石が大きいし、傾いて尖った形の石が一つ、近くに配されている。その配石は、石組の基本的技術ではあるが、天端の平坦な石はほぼ水平に据え、尖った形の石を含め安定感がある。

日本庭園によく見る州浜・岬・石灯籠は、この池に無い。豊かな植栽の中の池なのに、石組の印象からどこかアルペン風の荒涼とした景色に見える。こんな池は江戸の庭には無かった。著者はふと北アルプス上高地の明神池を思い出した。名主の滝公園の池は流れの下流にあり、流れの区域には丸みを帯びた石を使っているので、景色が変わり別の庭のようにも見える。池の角張った石による護岸の石組は、男滝（⇒85）の岩壁の石組の技法に共通するものがある。名主の滝公園は区域により、丸味を帯びた石と角張った石を使い分けている。

1945（昭和20）年の地図では池の中島は３島に描かれていた。改造されているとしても、基本的な形は滝と同時期なのであろう。

図87　名主の滝公園　池畔の石組（2018）

音無親水公園
滝と清流の再現に木曽石
北区王子本町1

88

王子の地名の由来になった王子神社の南側にある音無親水公園。石神井川の氾濫を防ぐためバイパスとして、飛鳥山の地下にトンネルを掘り、そこに水を流すようにした結果残った旧河道を公園にした。隅田川の支流、石神井川はこの辺りで音無川と呼ばれ、「江戸名所図会」にも描かれていた。

石神井川は深く、コンクリート造のカミソリ護岸がある。カミソリ護岸は木曽石（花崗斑岩）の野面石積みで隠した。

子供の水遊びを前提にしている設計・施工である。旧河道の深い底に人工の浅い流れを造った。流れまでは石段を下りなければならない。流れの中に大きな木曽石を配して、すでに苔むした石もある。園路と流れの底はコンクリート造に木曽石張りで、施工が丁寧である。階段も木曽石を張り、歩き易い。夏季に子供たちが水遊びを楽しみ、親が見守り、親水公園として成功している。木曽石は山石で、表面はざらつき、滑りにくい。

昔、王子七滝と呼ばれる数々の滝があった土地柄で、公園内に滝と清流を再現。江戸時代の音無川にこんなたくさんの石は無かったが、木曽石を多用することで自然らしさを演出した。音無親水公園の水は、気温の高い季節に水遊びができるように運転されている。

1988（昭和63）年開園の北区立公園。日本の都市公園100選。

図88　音無親水公園　旧河道の公園に流れ　上に音無橋（2017）

89 新宿遊歩道公園・四季の道の雑石張り
新宿区歌舞伎町1

1974（昭和49）年開園。靖国通から文化センター通に抜ける遊歩道公園。名高いゴールデン街と交差する。新宿区役所がすぐ近くにあり、昼間の歩行者は多い。敷地は廃線になった路面電車の専用軌道敷跡である。路面電車（都電）は広い街路の中央を走るが、一部区間は電車だけの専用軌道敷を走った。専用軌道敷は狭く、沿線の建物は軌道に背を向けているから、なんとなく暗い雰囲気になる。そこに輸入石材の大理石・花崗岩など数種類の大小の板石を、コンクリート舗装の基層の上に張り、カラフルで明るい。大きな石の隙間に小さな石を丁寧にはめ込むデザインで、日本庭園の石畳の応用。「雑石張り」という。大理石を主とした区域と花崗岩を主とした区域がある。石材工場から出た建築内装用の板石の端切れを活用した。石の表面は切り放し。雑石張りの施工技術は鉄平石張り（⇒82）の応用であった。設計：伊藤邦衛。他の造園家もこの雑石張りの舗装を取り入れた。当時、都市の歩行者空間の回復が志向されており、四季の道は専門家の間で大いに注目された。新宿区立公園。

図89　四季の道の雑石張り（2018）

明治神宮
国民の芝生広場と流れの石組
渋谷区代々木神園町

鬱蒼とした森の明治神宮内苑の北端、鉄筋コンクリート造、校倉造(あぜくらづくり)風の宝物殿（1921（大正10）年竣功・重文）南側の芝生広場と「北池」の辺りは、公園のように明るく開けている。宝物殿南東の北池とそこに注ぐ流れは、谷戸地形を活かして造られたのであろう。園路を巡らすため北池に中島を設け架橋している。宝物殿南側、芝生広場の中央を西から東へ縦断するように流れがある、といっても常時水が流れているわけではなく、晴天が続けば枯れてしまう。神宮造営の計画段階で井戸を掘って北池に水を供給するはずだったが、掘っても水は出ず、北池の規模は縮小されたという。

細く長い流れの畔に丸みを帯びた野面石をまばらに配している。流れの近くの樹木は剪定された樹形ではなく、流れに無造作に歩み板が架かるなど、日本庭園という印象は薄い。上流は石がやや密に配されているが、古典的様式ではなく、自然の渓流の観察にもとづく縮景でもない。石は茨城県産の筑波石（花崗岩）、丸味を帯び灰色の地味な山石であり、水に磨かれた石ではない。芝生広場の流れに石組。芸術性が高いとは言えないが新しい景であった。明治神宮が東京の神社に空前の広さだったからできた芝生広場と言えよう。明治神宮の宝物殿前の芝生広場は、東京で新たに造成され国民の利用に供された初期のものであった。

図90　明治神宮　芝生広場の流れの石組（2017）

91 明治神宮　神橋と流れの石組
渋谷区代々木神園町

明治神宮（祭神：明治天皇・昭憲皇太后、1920（大正９）年鎮座）の森は広大で、参道以外は立ち入れない。神宮造営に際して日本全国から献木を募り、大規模な植栽工事が行われ、それが森に育った。鬱蒼とした森の中の参道に古典的な木橋風の神橋が架かる。神橋の高欄と橋面は加工した万成みかげ（花崗岩）を使っている。万成みかげは万成石ともいい**岡山市北区**万成産で絵画館など神宮外苑（⇒94・95）にも多用され、表面は薄い鉄錆色に見えるが、近くで見るとサーモンピンクが美しい石である。神橋の高欄の擬宝珠（ぎぼし）など、木橋なら金具に相当する部分は万成みかげに似せたコンクリートの擬石。現在では擬石に劣化が見られる。

神橋の下を水が常に流れているが、水量は多くない。「一応流れてる。」とは若い女性参拝者たちの声。神橋下の流れの畔に苑路は無く、流れの石組は神橋から見下ろす石組である。流れは、植栽した森の中に自然の渓谷を縮めて表現しており、上流は石がやや密、下流はやや疎に見える。現状はどうも流れて来た土が石組の下部を被っているようである。

茨城県の筑波山麓産の筑波石（花崗岩）だけで石組をまとめている。山石・沢石で、ずんぐりむっくりした形姿、表面は灰色でざらついているが、神橋下の流れの水量が多くないので、山から川に転げ落ちて間もない石にも見える。石組は量感がありながら、林内にさりげない印象ではある。しかし洗練された石組とは言い難い。石の裏表という表現を使えば、裏を見せているような石がいくつかある。無理もないかも知れぬ。東京では使い慣れない石材だった。

明治神宮の造園に筑波石を使うことを発案したのは、若くして神宮の植栽工事の現場に立った上原敬二（1889～1981）であった。筑波山の国有林にごろごろしている石なら、予算内におさまると考えた。筑波山は富士山と共に浮世絵に描かれ、江戸の町からよく見えるランドマークだった（⇒表見返し）。その筑波山の石が明治神宮造営を契機に、鉄道貨車輸送により東京で広く使われる。上原は後に神社林の研究により林学博士となり、1924（大正13）年に東京高等造園学校を創立した。

明治以来、国家の宗旨は神道で、皇室の祖先を祀る樫原神宮（奈良県）、平安神宮（京都府）、吉野神宮（奈良県）など次々に創建された。先帝・明治天皇を祀る明治神宮は国家的プロジェクトであり、東京に空前の巨大な神社であった。旧社格制度では官幣大社。太平洋戦争敗戦まで祭神・明治天皇は帝国の神であり、伊勢神宮の祭神・天照大神と共に、植民地の神社にも祀られた。社殿は太平洋戦争末期の東京大空襲で被災し、戦後の再建。

現在の明治神宮には諸外国からの参拝者も多くなっている。

図91　岡山市 万成みかげの石切場（1988）

図91-２　明治神宮　神橋の高欄（2018）
万成みかげ製・擬宝珠は擬石

図91-３　明治神宮　神橋下の筑波石による石組（2018）

92 明治神宮　苑路のＬ形側溝の真黒石
渋谷区代々木神園町

明治神宮は森の苑路の両側に排水用の側溝を設けている。苑路よりも森の植栽地がやや高いので、苑路だけでなく植栽地に降った雨の一部も、この側溝を流れることになる。側溝の集水ますと接続する地下の排水管を組み合わせた西洋式の近代的排水施設（⇒13・69）である。

側溝の縁石は、植栽地側を高く玉石を立てて使い、苑路側は切石。断面がＬ形に近いコンクリート造の溝に、小さく粒ぞろいの真黒石（まぐろいし）（粘板岩）を張っている。Ｌ形側溝といえる。粘板岩は板状節理があるので、石粒に平坦面ができ、小判のような形をしている。サイズのそろったこれだけの量の真黒石を、よくぞ集めたものである。洋式の側溝を神社境内に違和感のないよう無光沢の真黒石を張り、落ち着いた外観に仕上げている。玉石の微妙な出入りに合わせ、真黒石を張っている。真黒石にモルタルの汚れは無い。施工にこんなに手間のかかる側溝を西洋人はデザインしない。

図92　明治神宮　苑路のＬ形側溝　流水面に真黒石（2017）

明治神宮外苑 イチョウ並木入口の石塁 港区北青山１・２

明治神宮の内苑は森の神苑で和、外苑は運動公園風の洋、いわば和洋併置である。

神宮外苑の有名なイチョウ並木の入口（青山口）の左右に、大小の石塁が一対ずつある。石塁は近代都市・東京の街路建設に際し、江戸城の石垣を撤去し、発生した石材の再利用として知られる。『江戸城外濠の古石材にして、常磐橋見付及半蔵御門内にありたるものを宮内省より譲受け』と「明治神宮外苑志」は伝える。石材は『殆ど原形のまま』というが、再利用の際に加工しなおされているのは明らかで、見え掛かりはきれいな四角形あるいはおしゃれな五角形であり、近代のデザインに他ならない。

石の表面はすだれ仕上げにされている。今日では、石材の表面に風化が見られるものがいくつもあり、すだれ仕上げが剥落してしまっている。それらの石材は凝灰岩である。風化していない石材は安山岩。江戸城石垣の石材は主に、伊豆半島南部に産し軟石とされる凝灰岩と、伊豆半島北部・中部に産し硬石とされる安山岩が利用された。

神宮外苑は関東大震災後の1926（大正15）年に竣工。1938（昭和13）年には地下鉄の駅（現・銀座線の外苑前駅）がイチョウ並木の入口の南西、青山通にできた。

図93　明治神宮外苑　青山口の石塁（2017）

94 明治神宮外苑 明治天皇葬場殿跡・大クスの円壇 新宿区霞ヶ丘町

神宮外苑の聖徳記念絵画館の裏にクスノキの大樹がある。現在周囲は駐車場になっており目立たない存在だが、クスノキは明治天皇の葬場殿跡を示す植栽である。

神宮外苑は絵画館を見通すヴィスタ・ライン（通景線）を中心に左右対称を基本にした苑路・広場の計画になっているが、クスノキは絵画館の裏側に通景線の延長上に位置し、外苑の象徴的な存在なのである。

クスノキは、万成みかげ（花崗岩）の円形の壇、いわば大きな植樹枡の中にある。万成みかげは絵画館の建築をはじめ、外苑の石造施設に多用されている岡山県産の石である。円壇は円弧のパーツに分けて加工され、組み立てられている。円壇の縁の天端と丸みを帯びて見える部分は小叩き仕上げ、側面のざらざらして見える部分はノミ切り仕上げ。磨いた面ならサーモンピンクが見える石だが、この仕上げではその色は見えにくい。円壇の周囲はゴロタ石をコンクリートに埋め込んでいる。

明治天皇の大喪の礼が1912（大正元）年９月、当時練兵場のこの場所に設けられた葬場殿で行われ、棺は列車で京都へ、伏見桃山陵に埋葬された。

図94　明治天皇葬場殿跡のクスノキと円壇　背景は絵画館（2017）

明治神宮外苑 絵画館前の池底の石張り 新宿区霞ヶ丘町

95

神宮外苑は創建当初、水景に相当な配慮がなされていた。噴水や壁泉の設備が現在もよく目につく。とはいえ何度も外苑に足を運んできた著者は、いまだに噴水が上がっているのを見たことがない。絵画館前のバルコニー下の池は、ほぼ長方形で広い。池の底には石が装飾的に張られている。石は万成みかげ（花崗岩）の不整形の大きな板石である。底まできれいに見せる洋式の池は、日本で画期的なものであった。残念ながらこの池は現在いつでも水が澄んでいるわけではなく、池底が見えないときもある。

「明治神宮外苑志」にこの池底の断面構成が記録されている。『池底は厚約六寸の割栗石を敷込み、上に厚二寸の混凝土（註：コンクリート）を、次にアスファルト、フェルト、及ラバロイドより成る防水層を、次に厚五寸の混凝土を施し、次に防水剤入モルタルを以て約五分厚の班直塗を施し、其上に厚約四寸内外の萬成花崗岩（註：万成みかげ）を敷詰めたり。』周到な設計で頑丈な池底である。池のすぐ前に万成みかげの舗石の広場があるが、当時、東京の街路はアスファルト舗装さえ十分に普及していない。

池の周囲には、自然樹形が球形の白松が列植されている。

明治神宮外苑は公園的なしつらえだが神社である。神宮外苑は関東大震災の復興期には、祭政一致の時代ゆえ公園計画のなかにも位置づけられた。

図95　明治神宮外苑　絵画館前の池底の石張り（2017）

96 国立能楽堂　前庭の木曽石の石積み
渋谷区千駄ヶ谷4

能楽堂の広い内部空間には屋根と橋掛かりのある伝統の能舞台があり、夜の薪を思わせる照明のもと、能と狂言が上演されている。観客には外国人も少なくない。1983（昭和58）年に竣功、建築設計は大江宏。門を入った前庭は、乗用車も含め短時間に多くの観客が訪れるのをさばくために広々と明るい。豆砂利洗い出しのコンクリート平板で舗装。

前庭の外周と中央の植栽地は、小ぶりの木曽石（花崗斑岩）の野面石による石積みを設け、植栽基盤を高くしている。木曽石は明るい淡褐色で、当時の公共造園に流行りの石だった。石積みは高さと石のサイズのバランスが良いが、天端をあえて凸凹にしている。大小の石を取り混ぜた積み方も丁寧で、笹と相まって自然な雰囲気がある。よく手入れされた樹木と共に、気品を感じさせる造園空間に仕上がっている。中央の植栽は松で、能舞台の鏡板に描かれた老松のイメージから選ばれたと思われる。

前庭にはベンチもいくつかあり、著者は座って撮影した。

能楽堂はJR千駄ヶ谷駅に近く、JR線路沿いのイチョウ並木の道は、明治神宮の内・外苑を結ぶプロムナードとして計画された。明治天皇は能を好まれたという。なお、天端が凸凹の石積みは東京の多摩地区の農家の石積みにも見られる。

図96　国立能楽堂　前庭中央の木曽石の石積み（2018）

兵庫島公園　池と流れの護岸の玉石
世田谷区玉川3

97

多摩川に野川が合流する二子玉川の河川敷の、二子橋と新二子橋に挟まれた公園に、コンクリート造の池と流れがある。多摩川は広く深く、子供が水遊びをするには危険も伴うので、水遊びの場を提供している。

池と流れは兵庫池（ひょうたん池）という。曲線的な平面形、底と護岸はコンクリートで固められているが、護岸に玉石が埋め込まれている。玉石は人工の池と流れに自然な雰囲気を出し、子供は手足をかけやすい。子供たちは多摩川を眺めながら人工の流れと池で遊ぶのである。

世田谷区は土留め擁壁など公共性の高いコンクリート構造物に玉石を埋め込むことが普及しており、それ自体は珍しい素材ではないが、区内の景観に統一感を付与するのに貢献している。

1988（昭和63）年開園、世田谷区立公園。園内の兵庫島は現在陸続きだが園名の由来であり、南北朝時代の合戦の伝説が残る。

多摩川はかつて清流であり、漁業も行われ、夏は水泳の場所だった。高度経済成長期の1960年代には水質が悪化し遊泳に適さなくなった。現在、多摩川の水はきれいになってきたが、プール等の普及もあり、夏の遊泳は過去のものに。農村の面影を残していた世田谷区は戦後急速に住宅地として発展し、二子玉川は郊外の行楽地の雰囲気を残しつつ商業地に。

図97　兵庫島公園　流れの護岸の玉石（2001）

98 江戸後期の富士塚3基 豊島区高松2・練馬区小竹町1・台東区下谷2

江戸の富士塚の始めは、行者・食行身禄（じきぎょうみろく）の弟子で庭師の高田藤四郎が1779（安永8）年に築いた「高田富士」であった。冨士塚は冨士講と関りが深く、長旅で女人禁制でもあった本物の富士山の代わりに、身近な富士塚に登拝すれば同様の御利益があるとされた。原形をよく留め、国の有形民俗文化財に指定された富士塚が都内に3基ある（他に埼玉県内に1基）。

富士講は富士山の北側、現在の山梨県富士吉田市側から登拝したので、北口本宮冨士浅間神社との結びつきが強い。富士山の神は浅間大神・木花咲耶姫（このはなさくやひめ）で、その分霊が各所の浅間神社、浅間さまである。富士山の主な岩石は玄武岩と安山岩だが、富士塚の外観を構成する石材は。

富士浅間神社　豊島長崎の富士塚（豊島区高松2）：富士浅間神社の豊島長崎の富士塚は住宅地にあり、南側は児童公園。7月1日の「お山開き」に登拝できる。富士塚は美しい姿で高さ8mに及ぶ。塚は角が取れざらざらした黒ぼく石（玄武岩）が積まれている。角が取れているから転石であり、富士山の沢筋の石と見られる（⇒余話）。実測図を見ると富士塚北側の山裾には石が無い。淡い鉄錆色で割れて尖った形の石碑が山裾から中腹まで林立しているが、根府川石（安山岩）製である。碑には意味があるにせよ、尖った形が富士山の険しさを表すように見える。根府川石（⇒6）は箱根火山に

図98　豊島長崎の富士塚（2018）

由来し、いわば富士山の隣の石。富士塚の山頂に石祠がある。山頂に大日如来坐像が安置されているというが、神仏習合の形が残る。

富士塚の南東側に花崗岩製の明神鳥居、その奥に安山岩製の烏天狗石像と根府川石製の『太郎坊大権現』の碑があり、修験道の信仰を示している。

古くは豊島郡長崎村で、富士塚は長崎村の月三椎名町元講により1862（文久2）年に築造と考えられている。

江古田浅間神社　江古田の富士塚（練馬区小竹町1）：西武池袋線江古田駅北口前に鎮座する江古田浅間神社の社殿の背後に江古田の富士塚がある。高さ8mに及ぶ。7月1日の「お山開き」の日など登拝できるという。

富士塚の頂部に石祠と鳥居があり、富士塚を覆う石は、丸みを帯びざらざらした黒ぼく石（玄武岩）と、それよりやや大きく丸みを帯び表面がつるんとした明るい灰色の安山岩である。それら玄武岩も安山岩も転石で、富士山の沢石であろう（⇒余話）。割れて尖った形の根府川石（安山岩）製の碑が随所に建てられ、六合目、七合目と示す小さな四角柱の合目石もある。富士塚の南東側に木造の鳥居、すぐ奥に眷属の申の安山岩製石像一対と花崗岩製の石灯籠がある。古くは上板橋村小竹という農村であり、富士塚は小竹丸祓講により1839（天保10）年に築造された。1924（大正13）年に震災復旧。

図98-2　江古田の富士塚（2018）

この塚は古墳の転用と考えられている。実測図を見ると塚の南側の見え掛かりの部分しか石がない。

小野照崎神社境内　下谷坂本富士（台東区下谷２）：小野照崎神社の主祭神は小野篁（おののたかむら）、詩歌・書に優れた平安時代の公卿。境内末社として富士浅間神社があり、富士塚の下谷坂本富士は高さ５ｍに及ぶ。石の玉垣に囲まれ、鳥居があり、眷属の申の安山岩製石像が一対。地被植物で表面が見えない石も多いが、主に小ぶりで丸みを帯びざらざらした黒ぼく石（玄武岩）で塚を覆っている。随所に大きめで明灰色の野面石が富士山の険しさを表すかのように突き出て注連縄（しめなわ）が張られ、碑らしいが、安山岩である。それら玄武岩も安山岩も、富士山の沢石であろう（⇒余話）。三合目、四合目と示す小さな四角柱の合目石もある。1828（文政11）年に東講が築造した富士塚で、当時この辺りは江戸のはずれ。明治初期にも田んぼがあり、東京の名所絵にこの富士塚が描かれた。「お山開き」は６月30日～７月１日。

富士塚の民俗学的調査報告書や優れた入門書は何冊もあるが、富士山中の信仰の対象地と富士塚のディテールの造形は深く関わるようである。

３基の富士塚を構成する主な石材は、豊島長崎の富士塚は玄武岩の転石、江古田の富士塚と下谷坂本富士は、玄武岩と安山岩の沢石。根府川石（安山岩）の石碑が建つのが豊島長崎の富士塚と江古田の富士塚であった。

図98-３　下谷坂本富士（お山開き当日）（2017）

余話 富士山の転石
静岡県富士宮市・富士市

富士山の石が江戸・東京の富士塚に使われた(⇒65・66・98)。東京の富士講は山梨県富士吉田市側つまり北側から登った。著者は静岡県富士宮市側つまり西側から富士山中腹に行っただけなのだが、富士塚の石材の議論の参考にもなればと思い、富士山の転石について書いておきたい。

余話図　富士宮市上井出・岩樋　富士山の大沢川の転石(1997)
大きな明灰色の石は安山岩、小さな暗灰色の石は玄武岩

余話図-2　富士宮市上井出・岩樋　富士山の大沢川の転石(1997)

余話図-3　富士宮市　富士ぼく石（玄武岩）のストック（1997）

富士山を構成する岩石は主に安山岩と玄武岩。富士山西側の大沢崩れは、砂防工事を重ねても、止めるのはなかなか難しいという。富士宮市の田貫湖から大沢崩れが正面に見える。洪水時に下流に被害が及ばぬよう大沢川の転石は、中流域の富士宮市内で、国の管理下で採取されている。安山岩の転石は富士宮市・富士市で大沢石と呼ばれ強度が高く、砕いて主に工事用砕石にする。大沢石は丸みを帯びて明灰色、地元で造園用にも使われる。玄武岩の転石は強度が高くない。大沢崩れとその直下は、危険が伴うので一般人は立ち入り禁止。著者は許可を持つ方の案内で、富士宮市上井出・岩樋（いわどい）の大沢崩れ直下の渓谷に入った。当日は枯れていたが、大雨になれば水と石が流れ下る。明灰色でなめらかな大石は大沢石と呼ばれる安山岩。小さな大沢石もある。暗灰色でざらざらして小穴がいくつも開いているのは玄武岩だが、小さな転石ばかり。安山岩も玄武岩も沢の水の中でぶつかり角が取れている。大沢川は一例で、富士山には数々の沢と川がある。

富士山麓の造成地では玄武岩の発生材が出る。それらは山石で、角張りざらざらした表面で暗灰色、富士宮市・富士市で富士ぼく石（黒ぼく石）と呼ばれ、大中小共に地元を中心に造園用になり、ストックされている。

重量物は水運により搬送された時代、富士山の転石はどのような経路で江戸・東京へ運ばれたのか。神聖な富士の山体を掘り崩して石を採り、標高の高い場所から石を降ろすとは考えにくい。標高の低い川筋や山麓から転石を搬出したのであろう。富士塚の研究者は、甲州から桂川を経て相模川を下り江戸へ富士山の石を搬送したと考えている。中央本線開通まで、甲州・信州の物産を清水湊へ運ぶ代表的水運ルートは富士川だったのだが。

子宝湯の庭石（元は足立区千住元町）小金井市関野町

99

銭湯・子宝湯の建物と庭は、足立区千住元町から移築され、都立小金井公園内の「江戸・東京たてもの園」にある。子宝湯は1929（昭和4）年竣工、寺院建築のように堂々たる構え。銭湯は庶民の入浴施設かつ社交場であり、その庭は庶民が日常的に眺められる庭らしい庭であった。子宝湯は塀に囲まれた平庭に庭木、庭石、石灯籠。作品性はともかく庭石を見たい。海蝕のある庭石や結晶片岩の庭石がある。それらは墨田区向島の三囲神社（⇒55）や北区王子の旧渋沢庭園（⇒81）と共通の石の品目である。子宝湯の庭石は三囲神社や渋沢邸の石ほど美しくはなく、つまり高級品ではないが。千住元町に子宝湯ができたとき、北側の広い荒川放水路は工事中で翌年完成、江戸の昔から南西側をうねって流れていた隅田川しかなく、千住大橋から上流は荒川と呼ばれていた。近代の隅田川は川沿いに多数の工場が林立、舟運による物流の大動脈であった。庭石のような重量物は舟運によって流通しており、王子は隅田川の千住の上流、渋沢邸と子宝湯の庭石に共通の品目が出てくる所以であろう。

図99　子宝湯の庭石　画面左に二つの結晶片岩（1999）

図99-2　子宝湯の庭石　灯籠の台座に海石（1999）

100 名主・天明家の露地（元は大田区鵜の木）小金井市関野町

元は大田区鵜の木にあった天明家の建築と庭が、都立小金井公園内の「江戸東京たてもの園」に移築されている。天明家は名主だった。名主は近世、幕府直轄地の村方三役の一つで、村の代表者に命じられた百姓。長屋門のある堂々たる構えの江戸時代後期の邸である。

母屋にも長屋門にも広間の茶室が設けられている。母屋の庭は広くて枯流れがあり、蹲踞と小ぶりの飛石で露地（茶庭）の構成を併せ持つ。

長屋門の庭はコンパクトに露地の構成要素が凝集している。安山岩の石井筒がある。蹲踞は花崗岩の四方仏手水鉢に安山岩の玉石による前石・湯桶石・手燭石、傍らに花崗岩の石灯籠が立つ。それらを結ぶ飛石は、暗灰色の安山岩と明色の花崗岩の切石、安山岩の玉石、茶室への踏分石として花崗岩の丸い石臼、それらを取り混ぜてリズミカルに構成している。定型的で素朴な露地とはいえ、石材は伊豆方面の安山岩の切石や玉石のほかにも多彩である。茶の湯の趣味とその関連商品の農村への普及がうかがえ、茶道具や書画も揃えられたことだろう。

鵜の木は多摩川下流を見下ろす小高い丘に位置する。現在の大田区は江戸時代には東海道53次の品川の宿のその先で、明治に荏原郡の一部に。大田区は1960年代初めまでは農業やノリ養殖漁業の風景が残っていた。

図100　天明家　長屋門の露地　画面右方向に茶室（1999）

主要参考文献

臨時議院建築局（1921）：**本邦産建築石材**
小山一郎（1931）：**日本産石材精義**，龍吟社
飯島亮・加藤栄一（1978）：**原色　日本の石　産地と利用**，大和屋出版
国土庁土地局（1975）：**土地分類図（神奈川県）**
経済企画庁総合開発局（1971）：**土地分類図（静岡県）**
国土庁土地局（1976）：**土地分類図（京都府）**
経済企画庁総合開発局（1974）：**土地分類図（和歌山県）**
藤岡換太郎・平岡大二編著（2014）：**日本海の拡大と伊豆弧の衝突**，有隣新書
長田武正（1978）：**富士の自然**，カラーブックス，保育社
鈴木棠三・朝倉治彦校註（1975）：**新版江戸名所図会　上・中・下巻**，角川書店（原著は1834（天保５）・1836（天保７）年）
斎藤月岑著・金子光晴校訂（1968）：**増訂　武江年表１・２**，東洋文庫，平凡社
山本駿次朗（1979）：**明治東京名所図会ー幻の画人山本松谷ー**，三樹書房
石黒敬章（2001）：**明治・大正・昭和　東京写真大集成**，新潮社
産経新聞社会部編（1961）：**東京風土図（Ⅰ）・（Ⅱ）**，現代教養文庫
新村出校閲・竹内若校訂（1943）：**毛吹草**，岩波文庫（原著は松江重頼編，1645（正保２）年）
上原敬二編（1975）：**解説余景作り庭の図　他三古書**，加島書店
蘆田伊人校訂・圭室文雄補訂（1998）：**新編相模国風土記稿・第二巻（第２版）**，雄山閣
近藤正一（1910）：**名園五十種**
Josiah CONDER（2002）：**Landscape Gardening in Japan**，講談社インターナショナル（原著は1912年刊）
前島康彦編（1957）：**目で見る公園の歩み**，（財）東京都公園協会
（財）東京都公園協会編（1985）：**東京の公園110年**，東京都建設局公園緑地部
服部勉（2001）：**旧浜離宮庭園に関する造園史的考察**，造園学論集別冊５
小杉雄三（1981）：**旧芝離宮庭園**，東京公園文庫，郷学舎
長岡安平顕彰事業実行委員会編（2000）：**祖庭長岡安平　わが国近代公園の先駆者**，東京農業大学出版会
前島康彦（1981）：**有栖川宮記念公園**，東京公園文庫，郷学舎
東京市役所（1934）：**髙松宮御下賜　有栖川宮記念公園開園記念**
近藤三雄・平野正裕（2017）：**絵図と写真でたどる　明治の園芸と緑化**，誠文堂新光社
川上邦基編（1928）：**茶式建築及庭園　第九輯　六窓庵**，龍吟社
タイモン・スクリーチ　森下正昭訳（2007）：**江戸の大普請　徳川都市計画の詩学**，講談社学術文庫　2017年刊

睦書房（1968）：東京名所圖會　浅草公園・新吉原之部
網野宥俊（1959）：浅草神社の今昔，浅草神社々務所
堀切直人（2005）：浅草　江戸明治編，右文書院
川本昭雄（1981）：隅田公園，東京公園文庫40
復興事務局編（1931）：帝都復興事業誌　建築篇・公園篇
日本統計普及協会編（1930）：帝都復興事業大観　上巻・下巻
横浜文孝（2000）：芭蕉と江戸の町，同成社
亀戸天神社菅公御神忌1075年大祭事務局（1977）：亀戸天満宮史料集
香山治英編（1915）：葛西神社誌，葛西神社々務所
森守（1981）：六義園，東京公園文庫，（財）東京都公園協会
小野佐和子（2017）：六義園の庭暮らし　柳沢信鴻『宴遊日記』の世界，平凡社
北尾春道編（1936）：数寄屋集成５　数寄屋名席聚，洪洋社
江守奈比古（1965）：茶室，海南書院
渋沢栄一記念財団（2004）：青渕文庫保存修理報告書2003（CD-ROM）
北区編（1971）：新修　北区史
北区史編纂調査会編（1996）：北区史　通史編　近現代
北区河川公園課（1975）：名主の滝公園
明治神宮奉賛会編（1937）：明治神宮外苑志
上原敬二（1971）：人のつくった森ー明治神宮の森造成の記録ー，東京農業大学造園学科
（財）日本常民文化研究会（1978）：冨士講と富士塚ー東京・神奈川ー，日本常民文化研究所調査報告第２集
有坂蓉子（2008）：ご近所富士山の「謎」，講談社＋α新書
小林章（2017）：近代の神社境内の研究動向，東京農業大学農学集報61（４）
小林章・國井洋一（2011）：近代の石巻における神社境内の井内石製施設の展開，ランドスケープ研究74（５）
丹羽桂太郎・小林章（2005）：日比谷公園開園時における二・三の施設の石材加工・利用技術，ランドスケープ研究68（５）
小林章（1996）：造園材料としての石材・木材の加工度とイメージ，東京農業大学農学集報41（１）
小林章・金井格（1984）：京都における造園用石材の地域性の研究，造園雑誌47（３）

索　引（数字は100話中の番号　頁ではない）

■施設・部材・加工方法

あとがき

著者はかつて京都の石と対比するため東京の石にも着目し、文献調査と現地調査を行っていた。「京都における造園用石材の地域性の研究」という論文で、もう30年以上前である。その後あちこちの石の産地を訪ねて産地における石のバリエーションを目にし、東京の造園と石材を見直して、ようやく本書をまとめた。白黒写真は、学術雑誌にカラー印刷が無いころ、白黒写真の方が印刷時にキレイと言われて撮っていたものを使った。

江戸の大名庭園や社寺境内、東京の庭園や公園に、地味な石ではあるが、船で運びやすい伊豆方面の安山岩・凝灰岩・玄武岩は利用が多かった。海岸の野面石の特徴を活かし、海水を引き込んだ池のほとりに海蝕あざやかな石を配し、水のイメージを強調するため枯滝石組にも使った。富士塚は富士山の石を使って築かれた。これらは江戸・東京の造園技術の特色の一つと言えるし、地域的特色でもある。加えて、各地から船で江戸に集められた緑色片岩・花崗岩などの銘石が庭園を彩った。

東京には鉄道貨車輸送により石が集められ、京都の保津川石・鞍馬石・貴船石、茨城県の稲田みかげ・筑波石、栃木県の大谷石、岡山県の万成みかげなどである。石灯籠、石橋など加工した石の使い方は、江戸から東京へ引き継がれたが、近代の建築・土木の影響を受けて加工法はより多彩になった。現代造園も野面石を求め、需要に応えたのは岐阜県産の花崗斑岩で、高速道路をトラックで運ばれてきた。いまや輸入石材を加工して造園に使うことも増えている。

本書で紹介した石の産地を見たいという読者には、歩き易い靴と服装をお勧めしたい。産地だった海岸、河畔は現在では自然公園等に指定され、採石は原則できない。山から石を採掘する現場は事業者の管理地である。

ことし2018（平成30）年は、東京農業大学地域環境科学部造園科学科の前身・東京高等造園学校が、1924（大正13）年に上原敬二博士により設立されて95周年に当たる。太平洋戦争中の1942（昭和17）年に東京農大は東京高等造園学校を合併し、同年東京農大の造園教育が専門部造園科に始まる。戦後1949（昭和24）年に新制大学の東京農大で農学部緑地学科がスタート、造園科学科に至るが、それから数えても70周年に当たる。

本書の刊行を亡き弟・小林正則が喜んでくれそうな気がする。正則は優れた機械のエンジニアだったが、家族思いで、歌舞伎など伝統芸能や老舗の味を好んでいた。

2018（平成30）年10月17日

小林　章

著者略歴
小林章（こばやしあきら）
1974年　東京農業大学農学部造園学科卒業
1974年　東京都港湾局臨海開発部勤務
1977年　東京農業大学助手
1987年　東京農業大学専任講師
1996年　博士（農学）（東京農業大学）
1997年　東京農業大学助教授
1999年　日本造園学会賞（研究論文部門）受賞
2002年　東京農業大学教授
2016年　東京農業大学名誉教授　現在に至る

おもな著書
2003年　「造園の施設とたてもの　材料・施工」（共著）コロナ社
2010年　「環境緑地学入門」（監修）コロナ社
2010年　「改訂　造園概論とその手法」（監修）職業訓練教材研究会
2011年　「造園用語辞典（第３版）」（共著）彰国社
2015年　文部科学省高等学校用教科書「造園技術」（編集・審査協力者）
2015年　「造園施工管理技術編（改訂27版）」（委員）日本公園緑地協会
2015年　「石と造園100話」東京農業大学出版会
2016年　「都市公園技術標準解説書（平成28年度版）」（検討委員）日本公園緑地協会
2017年　「続・石と造園100話」東京農業大学出版会

東京・石と造園100話――もうひとつのガイドブック

2018（平成30）年12月25日　初版第１刷発行

著者　小林　章
発行　一般社団法人東京農業大学出版会
代表理事　進士五十八
住所　156-8505　東京都世田谷区桜丘1-1-1
Tel.03-5477-2666　Fax.03-5477-2747

印刷／共立印刷株式会社　18121000そ
ISBN978-4-88694-489-4　C3061　¥2000E

隅田公園平

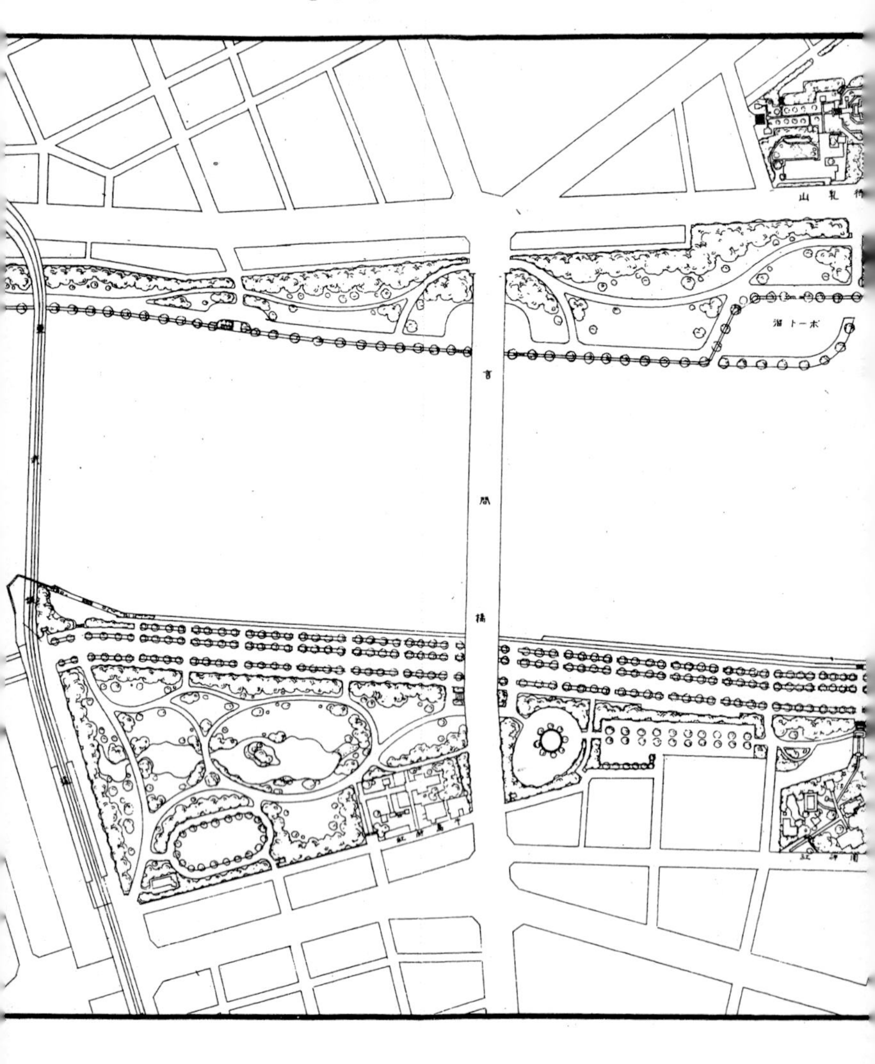